LUFTFAHRT-LEHRBÜCHEREI

Band 15

Physikfibel für die Flakartillerie

Zusammengestellt und bearbeitet von

DR. PH. LÖTZBEYER

Major d. R. z. V.

Mit 240 Abbildungen

3. Auflage

WALTER DE GRUYTER & CO., BERLIN W 35

vormals G. J. Göschen'sche Verlagshandlung · J. Guttentag, Verlagsbuchhandlung
Georg Reimer · Karl J. Trübner · Veit & Comp.

1944

Printed in Germany
Druck von Walter de Gruyter & Co., Berlin W 35
Archiv- Nr. 5544

Vorwort zur 1. bis 3. Auflage

Die vorliegende Physikfibel verdankt ihre Entstehung dem Wunsche der Truppe nach einer einfachen und übersichtlichen Einführung in die für sie notwendigen Grundlehren der Physik.

Erstens kann der heutige Soldat bei der hoch entwickelten Technik der Waffen und Geräte sich nicht damit begnügen, diese nur zu handhaben. Um sie wirkungsvoll und wirtschaftlich zu gebrauchen und zu pflegen, muß er auch die physikalischen Grundlagen und Gesetze kennen, auf denen ihr Aufbau und ihre Verwendung beruhen.

Weiterhin fordert die gründliche Durchbildung gerade des Soldaten der Flakartillerie, ganz gleich, ob er Entfernungsmeßmann, Horcher, Kraftfahrer, Funker oder Fernsprecher ist, ein Hilfsmittel, das ihn in leicht verständlicher Weise mit den erforderlichen Gesetzen vertraut macht. Die Verwendung der Physikfibel im Unterricht wird dem Führer und Unterführer viel Mühe und Zeit sparen und den Erfolg in der Ausbildung fördern.

So soll die Physikfibel besonders dem jungen Soldaten als Lern- und Lehrbuch dienen. Die Versuche sind so weit wie möglich so ausgewählt, daß sie mit einfachen Hilfsmitteln durchgeführt werden können. Das Buch ist auch so eingerichtet, daß jederzeit Ergänzungen und Eintragungen gemacht werden können.

Die Physikfibel ist in Verbindung mit erfahrenen Offizieren und Beamten der Luftwaffe entstanden. Ihnen sei an dieser Stelle der verbindlichste Dank ausgesprochen.

Die Physikfibel hat bei der Truppe eine gute Aufnahme gefunden. Auch in den Besprechungen der maßgebenden Zeitschriften des In- und Auslandes hat sie Anerkennung und Zustimmung erfahren.

Anregungen und Verbesserungsvorschläge wird der Verfasser jederzeit dankbar entgegennehmen. Denn nur durch dauernde Verbindung mit der Truppe kann der gewünschte Grad der Brauchbarkeit erreicht und erhalten werden.

Die 2. und 3. Auflage können ohne weiteres trotz des veränderten Formates neben der 1. Auflage benutzt werden.

Die Änderungen der vorliegenden 3. Auflage beschränken sich auf die Verbesserung von einigen Druckfehlern.

Berlin-Zehlendorf, August 1944

Dr. Ph. Lötzbeyer

Inhaltsverzeichnis

I. Allgemeines

1. Messungen und Meßgeräte

Zum Messen von Längen benutzt man je nach ihrer Größe: Meßbänder, Meßstäbe, Schublehre, Mikrometerschraube usw.

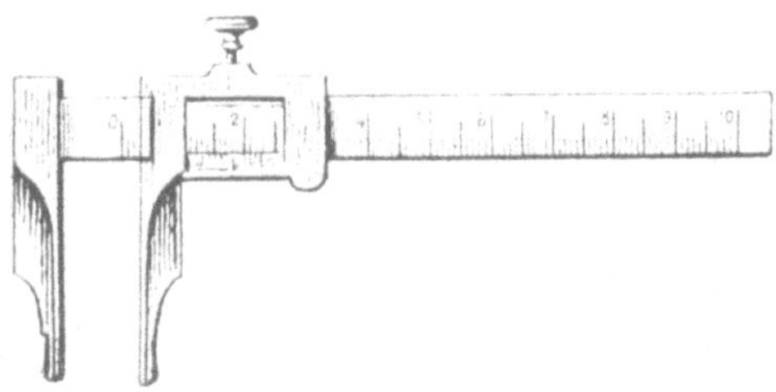

Abb. 1. Schublehre

a) Zur Messung kleiner Längen bis auf Zehntelmillimeter dient die Schublehre mit Nonius (Abb. 1 u. 2), bis auf Hundertstelmillimeter die Mikrometerschraube (Abb. 3). Die Backen der Schub-

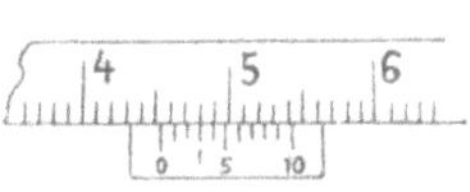

Abb. 2. Nonius

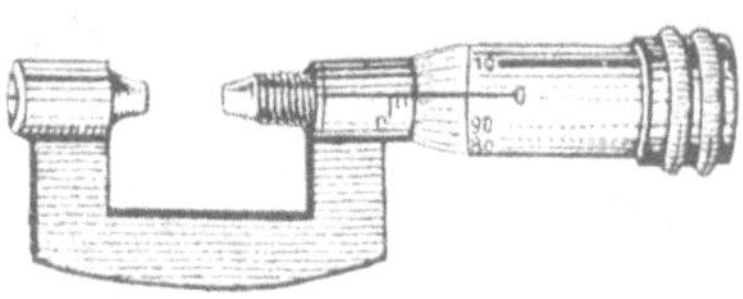

Abb. 3. Mikrometerschraube

lehre dienen zur Bestimmung von Außenmaßen und Innenmaßen (Röhrenweite). Der kleine verschiebbare Maßstab N (Nonius) dient zur Ablesung von 0,1 mm. Der Nonius hat auf 9 mm der Hauptteilung 10 Teile, also 1 Noniusteil = 0,9 mm. Die Benutzung zeigt Abb. 2. Man liest die Millimeter am Nullstrich des Nonius ab, die Zehntelmillimeter gibt der erste Noniusteilstrich, der mit einem Teilstrich der Hauptteilung zusammenfällt, in der Abb. 2 der dritte, Ergebnis 4,53 cm, denn der Noniusstrich 2 steht 0,1 mm rechts, der Noniusstrich 1 steht 0,2 mm und der Nullstrich des Nonius 0,3 mm rechts vom vorangehenden Strich der Hauptteilung. Auch beim Winkelmesser wird der Nonius verwandt, z. B. bei dem Behelfsrichtgerät für die Höhenrichtung am Geschütz (Libellenquadrant).

b) Die Bestimmung von Rauminhalten einfach gestalteter Körper wird auf die Messung von Längen zurückgeführt (Beispiele!). Bei unregelmäßig gestalteten Körpern hilft man sich mit Überlaufgefäß und Meßglas (Abb. 4 u. 5).

Abb. 4. Überlaufgefäß

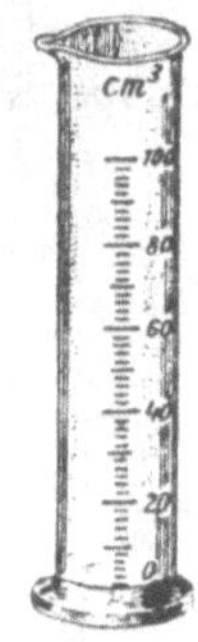

Abb. 5. Meßglas

c) Genauigkeit der Messung. Beim Ablesen muß man senkrecht auf den Meßstab sehen, sonst entsteht ein Fehler (Abb. 6), der

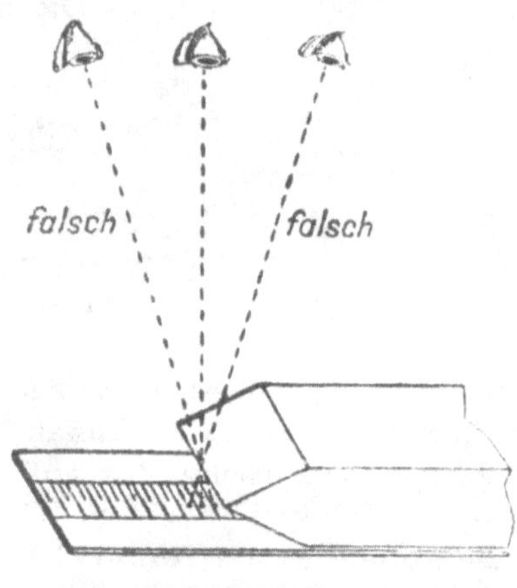

Abb. 6. Parallaxe (Fehler bei der Ablesung)

Parallaxe (Abweichung) heißt. Jede genauer zu bestimmende Strecke ist mindestens dreimal zu messen. Beispiel: 12,05 m, 12,15 m,

12,07 m. Durchschnitt: 12,09 m. Die zweite Messung zeigt eine Abweichung vom Mittelwert von 6 cm; ihr prozentischer Fehler ist $\frac{6 \cdot 100}{1209} \approx$ [1] 0,5%.

2. Gewicht und Schwerkraft

Gewicht ist der Druck, den ein Körper auf eine Unterlage ausübt (Beispiele!). Ursache des Gewichtes ist die Anziehung der Erde, die Schwerkraft (= Zug zur Erde). Die Richtung der Schwerkraft zeigt das Lot an (lotrecht oder vertikal). Die waagerechte oder horizontale Richtung wird durch eine ruhende Wasserfläche bestimmt (Wasserwaage).

3. Artgewicht

Das Artgewicht (spezifisches Gewicht) ist das Gewicht der Volumeneinheit (Volumen = Rauminhalt).

a) 1 ccm Wasser wiegt 1 g, 1 ccm Eisen dagegen 7,5 g. Eisen hat demnach das Artgewicht 7,5. Daraus ergibt sich sofort die

b) Formel: $\boxed{\text{Artgewicht} = \frac{\text{Gewicht}}{\text{Volumen}}}$

Beispiel: 50 ccm Spiritus wiegen 40 g. Sein Artgewicht ist daher

$$\frac{\text{Gewicht}}{\text{Volumen}} = \frac{40}{50} = 0{,}8.$$

Beim „Fliegerbenzin" muß das Artgewicht zwischen bestimmten Grenzen liegen, um Veränderungen der Vergasereinstellung zu vermeiden. Auf die Güte des Benzins ist es ohne Einfluß.

4. Allgemeine Eigenschaften der Körper

a) Körper sind schwer und nehmen einen Raum ein. Auch die Luft, die man früher für ein Nichts hielt, hat Gewicht (1 m^3 = 1,29 kg!) und nimmt einen Raum ein. Beweis: Tauche ein Trinkglas umgekehrt in Wasser ein!

b) Es gibt feste, flüssige und gasförmige Körper (drei Aggregatzustände[2]). Die Körper sind Anhäufungen von kleinsten Teilchen (Molekülen[3]).

[1]) Zeichen für ungefähr gleich.
[2]) Von aggregare (lat.) = zusammenscharen, anhäufen.
[3]) Von mōles (lat.) = Masse; molécula = kleine Masse.

Feste Körper haben feste Form. Die kleinsten Teilchen zeigen großen Zusammenhalt (Kohäsion[1]). Nimmt ein fester Körper, z. B. eine Feder aus Stahl, nach einer Formänderung die frühere Gestalt wieder an, so heißt er elastisch, sonst unelastisch. (Andere Eigenschaften: dehnbar, hart, spröde.)

Flüssige Körper haben bewegliche Gestalt. Ihre Teilchen sind leicht gegeneinander verschiebbar.

Gasförmige Körper haben keine feste Gestalt. Ihre kleinsten Teilchen scheinen sich gegenseitig abzustoßen. Gase haben das Bestreben (Leuchtgas!), sich auszudehnen. Deshalb muß man sie in geschlossene Gefäße einsperren.

II. Ruhe und Bewegung

1. Gleichförmige Bewegung

a) Ein im Flugzeug befindlicher Koffer ist in bezug auf dieses in Ruhe, dagegen in bezug auf die Erde in Bewegung. Von Ruhe oder Bewegung kann daher nur gesprochen werden, wenn gleichzeitig angegeben wird, auf welchen anderen Körper diese Zustände bezogen werden sollen.

Ein Körper ist in Bewegung oder Ruhe zu einem zweiten, wenn er in bezug auf diesen seine Lage ändert oder nicht ändert.

b) Gleichförmige Bewegung. Ein Radfahrer, der in jeder Sekunde einen Weg von 4 m (4 m/sec) zurücklegt, bewegt sich gleichförmig.

Ein Körper bewegt sich gleichförmig, wenn er in gleichen Zeiten gleiche Wege zurücklegt.

Die Geschwindigkeit bei einer gleichförmigen Bewegung wird gemessen (verglichen) durch den Weg in der Zeiteinheit. In einer Stunde legt Flugzeug I 360 km, Flugzeug II 240 km zurück. Merke die Beziehung:

$$\text{Geschwindigkeit} = \frac{\text{Weg}}{\text{Zeit}}; \quad v = \frac{s}{t}$$

Die Bezeichnungen km/st oder m/sec sind gewissermaßen die Maßeinheiten, in denen die Geschwindigkeiten ausgedrückt werden.

[1]) Von cohaerēre (lat.) = zusammenhängen.

Merke die wichtige Beziehung:

10 m/sec = 36 km/st

Fußgänger	1,2—1,4
Radfahrer	4—5
Ozeandampfer	10
Kraftwagen	17 (60)
Schnellzug	20—25 (80)
Flugzeug	69 (250)
Schall in trockener Luft bei 0^0	330,7
Geschoß (Inf.-Gewehr 25 m vor der Mündung)	860
Erde um die Sonne	$30 \cdot 10^3$
Licht und Elektrizität	$300 \cdot 10^6$

Wind n. Beaufort	Stufe	m/sec
Leichter Wind	2	2—4
Starker Wind	6	10—12
Voller Sturm	10	20—24
Orkan	12	25—50

Mittlere Geschwindigkeiten in m/sec (km/st).

2. Ungleichförmige Bewegung

a) Beim Anfahren eines Eisenbahnzuges nimmt die Geschwindigkeit dauernd zu, beim Übergang zum Halten ab. Die Bewegung heißt ungleichmäßig, im ersten Falle beschleunigt, im zweiten verzögert.

Ein Auto legt in der 1. Sekunde 10, in der 2. Sekunde 12, in der 3. Sekunde 14 m usw. zurück. Die Geschwindigkeit nimmt in jeder Sekunde um 2 m zu.

Eine Bewegung heißt gleichmäßig beschleunigt (verzögert), wenn die Geschwindigkeit in jeder folgenden Sekunde um gleichviel zunimmt (abnimmt).

Beschleunigung = Geschwindigkeitszunahme je Sekunde

b) Der freie Fall ist ein Beispiel einer solchen Bewegung.

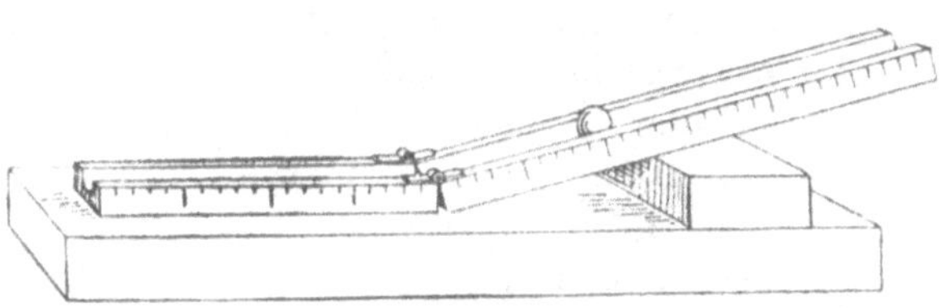

Abb. 7. Fallrinne

1. Die Beobachtung eines frei fallenden Körpers macht große Schwierigkeiten, weil der Körper in wenigen Sekunden beträchtliche Wege zurücklegt. Mit Hilfe einer Fallrinne (Abb. 7), auf der wir eine po-

lierte Stahlkugel herabrollen lassen, wird die Fallbewegung künstlich verlangsamt. Durch passende Wahl der Neigung können wir erreichen, daß die Kugel in der 1. Sekunde einen Weg von 5 cm zurücklegt. Die Versuche zeigen folgende Ergebnisse:

Zeit	1 sec	2 sec	3 sec	4 sec	5 sec
Gesamtwege nach 1, 2, 3, ... sec	cm $5 = 5 \cdot 1^2$	cm $20 = 5 \cdot 2^2$	cm $45 = 5 \cdot 3^2$	cm $80 = 5 \cdot 4^2$	cm $125 = 5 \cdot 5^2$
Sekundenwege, Wege in der 1., 2., 3., ... sec	$5 = 5 \cdot 1$	$15 = 5 \cdot 3$	$25 = 5 \cdot 5$	$35 = 5 \cdot 7$	$45 = 5 \cdot 9$

I. Bei der Fallbewegung wachsen die Gesamtwege wie aufeinanderfolgende Quadratzahlen (1; 4; 9; 16 . . .).

II. Die aufeinanderfolgenden Sekundenwege wachsen wie die ungeraden Zahlen (1; 3; 5; 7; 9 . . .).

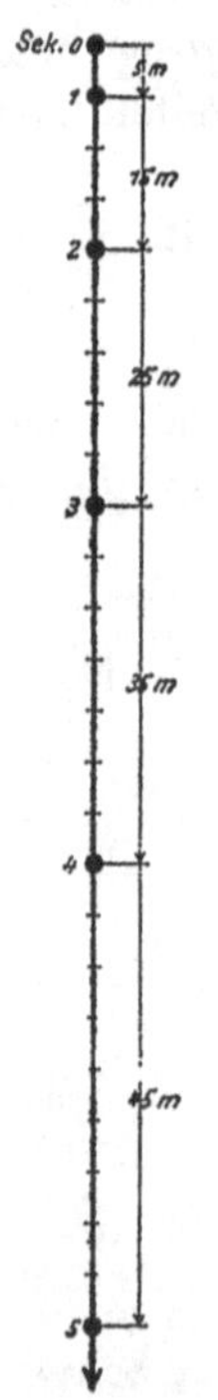

Abb. 8. Fallwege eines frei fallenden Körpers

Die Geschwindigkeit eines ungleichmäßig bewegten Körpers kann nicht durch den in 1 Sekunde zurückgelegten Weg angegeben werden. Um die Augenblicksgeschwindigkeit nach 1, 2, 3 usw. Sekunden zu ermitteln, lassen wir die Kugel nach diesen Zeiten auf den waagerechten Teil der Rinne übergehen.

Nach	1	2	3	4	5	Sekunden hat die Kugel
	10	20	30	40	50	cm/sec Augenblicksgeschwindigkeit.

III. Bei der Fallbewegung wächst die Geschwindigkeit gleichmäßig mit der Zeit. Die Fallbewegung ist eine gleichmäßig beschleunigte Bewegung.

Für den freien Fall gelten dieselben Gesetze wie für die verlangsamte Fallbewegung.

2. Durch Versuche in einem hohen Treppenhaus kann man feststellen, daß freifallende Körper nach 1 Sekunde einen Weg von 5 m, nach 2 Sekunden einen Weg von 20 m zurücklegen (Abb. 8). Die Beschleunigung beträgt also etwa 10 m je Sekunde (genauer Fallbeschleunigung $g = 9{,}81$ m).

Gesetze für den freien Fall:

I. Fallgeschwindigkeit $v = 10 \cdot t$ m/sec (t = Anzahl der Sekunden).

II. Fallweg $s = 5 \cdot t^2$ m.
III. Im luftleeren Raum fallen alle Körper gleich schnell.

3. Beharrungsgesetz

Ein in Ruhe befindlicher Körper hat das Bestreben, in Ruhe zu bleiben, ein bewegter in Bewegung. Beispiele: Wird eine mit Wasser gefüllte Schale plötzlich in Bewegung gesetzt, so bleibt das Wasser zurück und fließt über. Ein in Bewegung befindliches Fahrrad mit Freilauf läuft von selbst weiter. Ohne Reibung würde das Fahrrad mit gleicher Geschwindigkeit immerfort weiterlaufen.

Ein Körper verharrt im Zustande der Ruhe oder der gleichförmigen Bewegung, bis dieser durch äußere Ursachen geändert, wird.

4. Satz vom Parallelogramm der Wege

a) Ist ein Körper zwei Bewegungen unterworfen, z. B. ein Kahn, der über einen Fluß mit starker Strömung fährt, so ist der resultierende Weg **die Diagonale AB' des Parallelogramms aus den Einzelwegen** (AB und AA', Abb. 9).

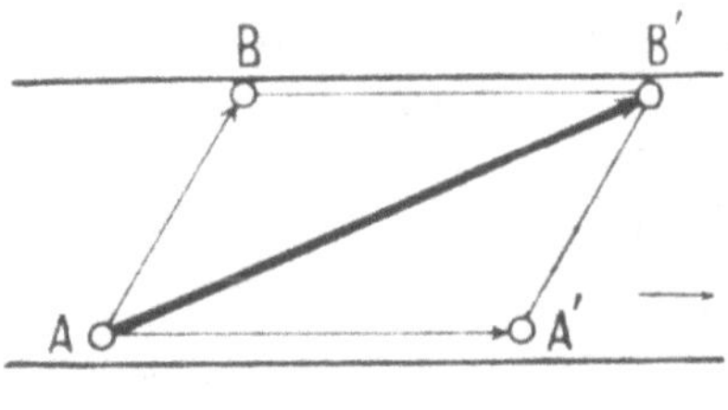

Abb. 9. Parallelogramm der Wege

b) Anwendung beim Flug mit Seitenwind. Das Flugzeug (Abb. 10) soll von A nach Z fliegen. Durch Seitenwind wird das Flugzeug von seinem Kartenkurs abgedrückt, da die gesamte Luftmasse, in der es sich bewegt, sich ebenfalls in gleichförmiger Bewegung (in der Abb. 10 nach NO) befindet. Im Kursdreieck wird nach dem Satz vom Parallelogramm der Wege bestimmt: a) die Geschwindigkeit über Grund, b) der Steuerkurs (Kompaßkurs), d. h. die Richtung, die es fliegen muß, um vom Wind immer auf der Kurslinie entlanggedrückt **zu werden.**

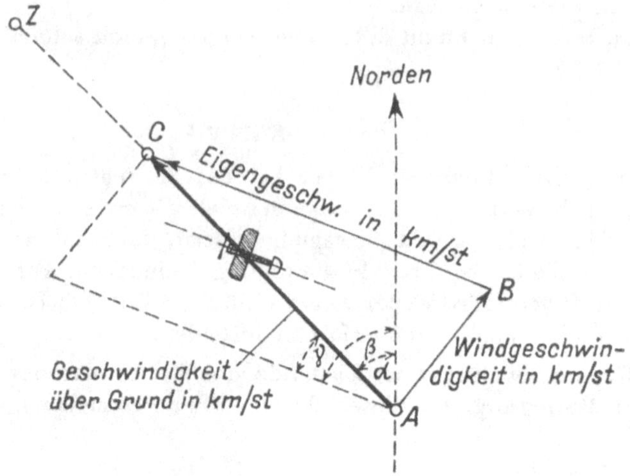

Abb. 10. ABC = Kursdreieck; α = Kartenkurs; β = Steuerkurs; γ = Vorhalt

5. Wurf-, Schuß- und Bombenabwurfbahn

a) Waagerechter Wurf. Ein Körper wird in waagerechter Richtung fortgeschleudert. Ein Gummischlauch (Abb. 11) wird an die

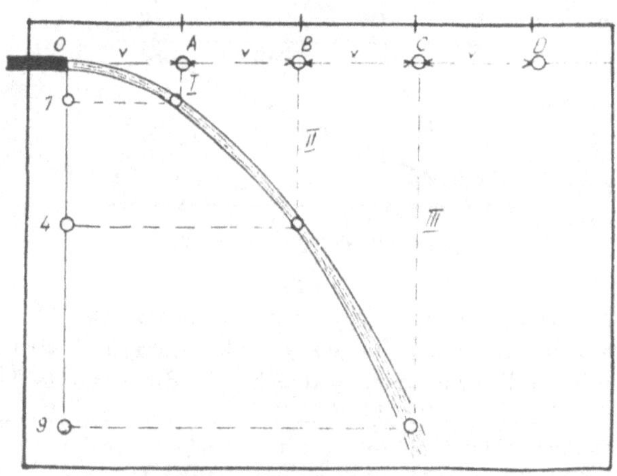

Abb. 11. Waagerechter Wurf

Wasserleitung bei kleiner Öffnung angeschlossen, so daß vor einer Wandtafel von einem Punkte O aus ein Wasserstrahl waagerecht austritt. In den auf der Waagerechten durch O gelegenen Punkten A, B, C, D . . ., die im gleichen Abstand v folgen, ergeben sich Falltiefen, die sich wie 1 : 4 : 9 . . . . verhalten. Die Bahn ist eine krumme Linie, eine sog. Parabel. Jedes Wasserteilchen ist zwei Bewegungen unterworfen.

Vgl. auch Versuch mit der Federpistole Abb. 12.

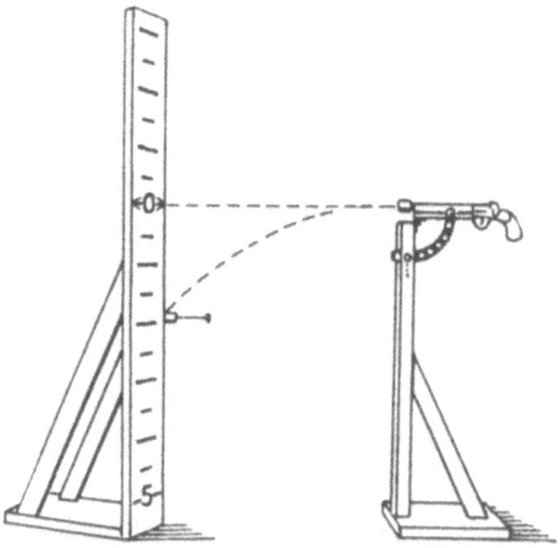

Abb. 12. Versuch mit der Federpistole

b) Schiefer Wurf. Das Geschoß in Abb. 13 wird unter einem Erhöhungswinkel α schräg nach oben geschleudert. (Mache auch den entsprechenden Versuch mit dem Wasserschlauch, der schräg nach oben gehalten wird.) Das Geschoß bewegt sich wieder in einer Parabel, die aus einem aufsteigenden und absteigenden Aste besteht. Der höchste Punkt heißt Scheitel- oder Gipfelpunkt. Die Bewegung ist zusammengesetzt: erstens aus der Bewegung in der Anfangsrichtung, in der der Körper nach dem Beharrungsgesetz mit der Anfangs-

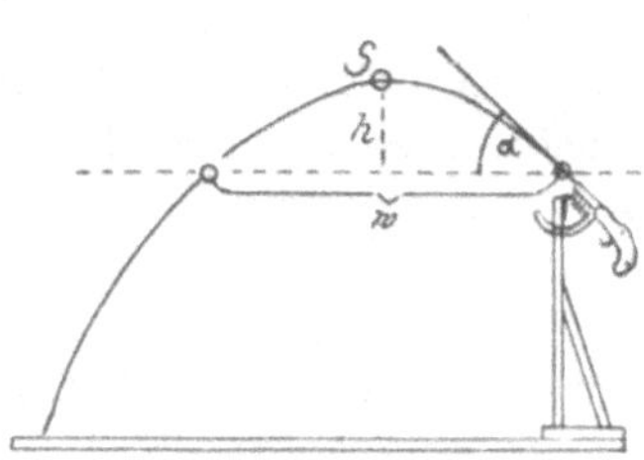

Abb. 13. Schiefer Wurf

geschwindigkeit v_0 weiterfliegen sollte, zweitens aus der Fallbewegung. w = Schußweite.

c) Die Geschoßflugbahn (Abb. 14) ist der Weg eines Geschosses nach dem Verlassen der Rohrmündung bis zum Ziel. Im lufterfüllten Raume wirkt auf das Geschoß dauernd verzögernd der Luftwiderstand, so daß die Flugbahn stärker gekrümmt und verkürzt wird. Die

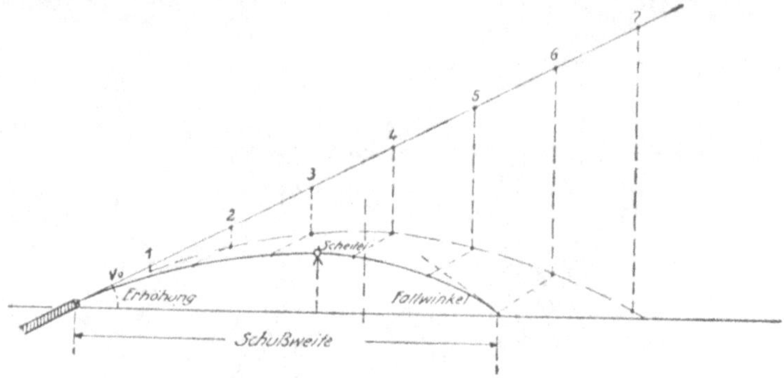

Abb. 14. Flugbahnen im luftleeren und lufterfüllten Raum

Geschoßbahn ist eine sog. ballistische Kurve, bei der der absteigende Ast stärker als der aufsteigende gekrümmt ist und der höchste Punkt, der Gipfelpunkt, dem Flugbahnende näher liegt. Größte Schußweite in der Regel bei einem Abgangswinkel etwas kleiner als 45°.

d) Bombenabwurfbahn[1]) (Abb. 15). Abgeworfene Bomben unterliegen erstens der waagerechten Geschwindigkeit des Flugzeuges v_f, die wegen des Luftwiderstandes allmählich kleiner wird, zweitens der Fallbewegung. Diese wird durch den Luftwiderstand um so stärker verzögert, je größer die Geschwindigkeit des fallenden Körpers ist, so daß dieser sich nach einer gewissen Zeit fast gleichförmig abwärts bewegt. In der Abb. 15 ist eine Darstellung für die Wurfweiten x für verschiedene Höhen h bei verschiedenen Geschwindigkeiten des Flugzeuges gegeben[2]). Die Wurfweiten sind abhängig von der Wurf-

[1]) Es wird vorausgesetzt, daß das Flugzeug in gleichbleibender Höhe h und mit gleichmäßiger Fluggeschwindigkeit v_f fliegt.

[2]) Der Luftwiderstand, der nur eine geringe Verkürzung der Wurfweite verursacht, ist nicht berücksichtigt. Formel aus den Beziehungen

$$x = v_f \cdot t \text{ und } h = \frac{1}{2} g t^2 \text{ (vgl. S. 11—13 unter 2).}$$

höhe, der Geschwindigkeit des Flugzeuges und der Form der Bombe. Aus der Gestalt der Flugbahn und der Lage des Zieles wird der Punkt bestimmt, in dem die Bombe gelöst werden muß, um das Ziel zu treffen.

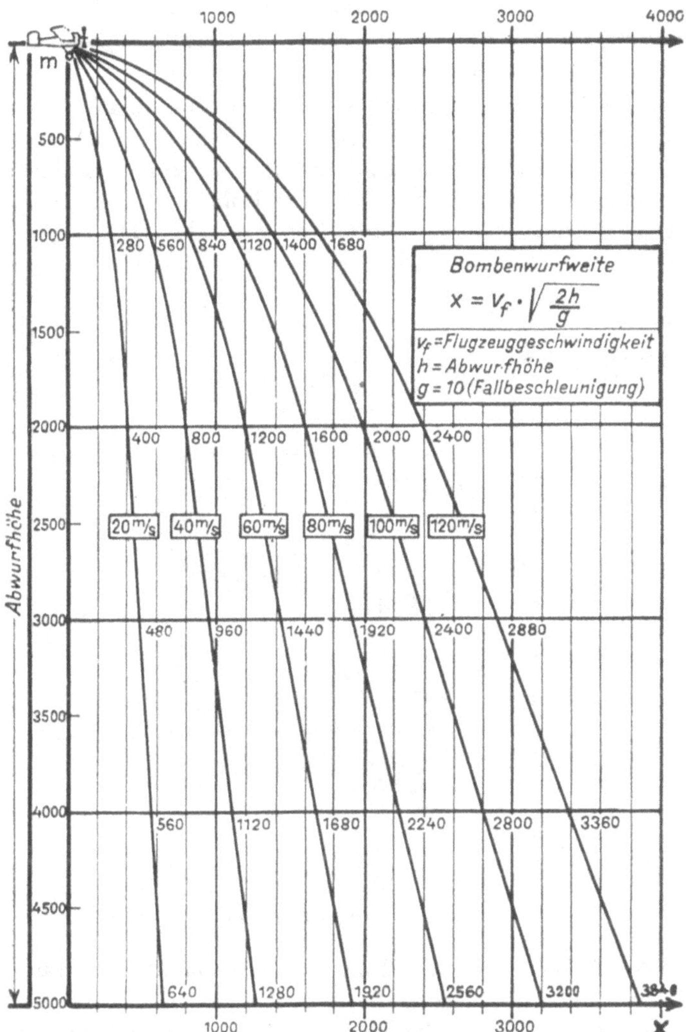

Abb. 15. Fliegerbombenabwurfbahnen für v_f = 20, 40, 60 . . . m/sec

III. Kraft, Arbeit, Leistung

1. Kraft

a) Jede Ursache einer Bewegungs- oder Formänderung heißt Kraft.

Beispiele: Muskelkraft des Menschen, Kraft des Windes, Dampfes, Anziehungskraft der Erde. Kräfte sind nicht sichtbar. Man kann sie nur aus ihrer Wirkung erkennen.

b) Die Größe einer Kraft wird in Kilogramm gemessen. Ein Holzklotz wird an einer Schnur unter Einschaltung eines Kraftmessers (Abb. 16) fortgezogen. Die gleiche Bewegung des Körpers wird erzielt, wenn wir die Schnur über eine Rolle legen und an einem Ende z. B. 4 Kilogramm-Gewichte befestigen (Abb. 17).

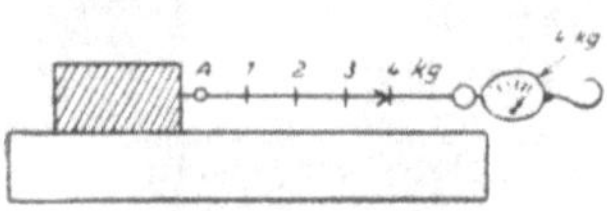

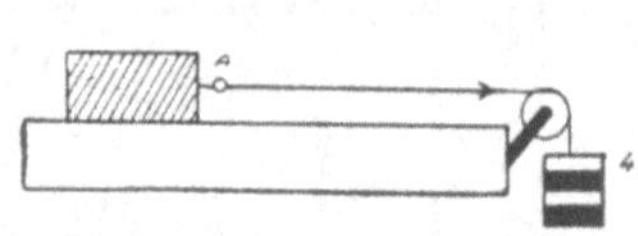

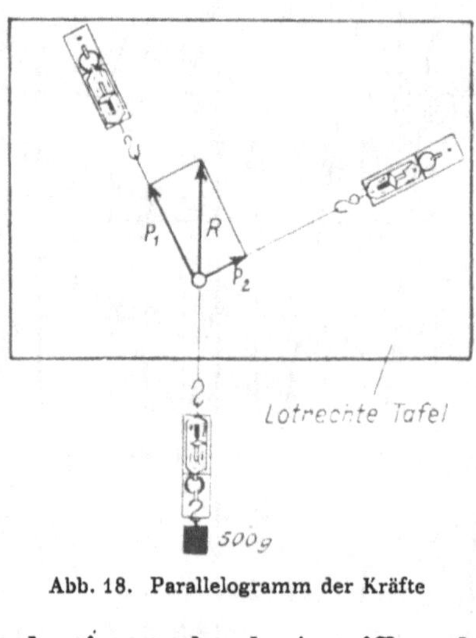

Abb. 18. Parallelogramm der Kräfte

Eine Kraft ist bestimmt durch Angriffspunkt, Richtung und Größe. Zeichnerisch wird eine Kraft durch eine gepfeilte Strecke dargestellt; in Abb. 17 hat die Kraft eine Größe von 4 Krafteinheiten.

Bei festen Körpern kann der Angriffspunkt in der Richtung der Kraft verschoben werden.

2. Zusammensetzung und Zerlegung von Kräften

a) Parallelogramm der Kräfte (Abb. 18). Zwei Kräfte P_1 und P_2, die gleichzeitig in einem Punkte nach verschiedenen Richtungen angreifen, können durch eine einzige Kraft R, die Resultante oder Mittelkraft, ersetzt werden. R wird zeichnerisch nach Größe und Richtung durch die Diagonale des Parallelogramms aus den Seitenkräften P_1 und P_2 gefunden.

b) Zerlegung von Kräften. Umgekehrt kann Kraft R in zwei Seitenkräfte zerlegt werden.

3. Gleichgewicht und Schwerpunkt

a) Gleichgewicht. Wirken auf einen frei beweglichen Körper, z. B. auf einen Wagen, zwei gleiche Kräfte nach entgegengesetzten Richtungen, so bleibt er stehen. Man sagt, die Kräfte sind im Gleichgewicht.

Wirken umgekehrt zwei Kräfte in entgegengesetzter Richtung so, daß keine Bewegung entsteht, so sind sie gleich.

b) Schwerpunkt. Unterstützt man eine kreisrunde Scheibe im Mittelpunkt durch eine Nadel oder Bleistift oder hängt sie mit einem Faden im Mittelpunkt auf, so bleibt sie in jeder Lage im Gleichgewicht. Im Mittelpunkt greift das Gewicht der Scheibe an.

Der Schwerpunkt eines Körpers ist der Angriffspunkt seines Gewichtes.

In ihm kann man sich die Gewichte sämtlicher Teilchen des Körpers vereinigt denken.

Man unterscheidet drei Arten des Gleichgewichts:

1. stetiges; der Unterstützungspunkt liegt im Schwerpunkt;
2. unsicheres; der Unterstützungspunkt liegt unter dem Schwerpunkt;
3. sicheres; der Unterstützungspunkt liegt über dem Schwerpunkt.

4. Arbeit und Leistung

a) Einheit der Arbeit: 1 Meterkilogramm (1 mkg) wird geleistet, wenn zur Überwindung eines Widerstandes die Kraft 1 kg längs eines Weges von 1 m Länge ausgeübt wird. 1 mkg = 9,81 Joule.

$$\boxed{\text{Arbeit} = \text{Kraft} \cdot \text{Weg} = K \cdot s}$$

b) Leistung ist die in 1 Sekunde geleistete Arbeit. Einheit der Arbeit ist die Pferdestärke (PS).

$$\mathbf{1\ PS = 75\ mkg/sec = 75 \cdot 9{,}81\ Joule = 736\ Watt.}$$

In der Technik verwendet man heute als Einheit der Leistung

1 Watt oder 1 Kilowatt = 1000 Watt.
1 Watt ≈ 0,1 mkg/sec.

IV. Die Wärme

1. Thermometer

Jeder Körper hat einen bestimmten Wärmegrad oder Temperatur. Zur Messung des Wärmegrades eines Körpers dient das Thermometer (Beschreibung). Tauche das Thermometer in schmelzendes Eis; die Temperatur bleibt 0°, bis alles Eis geschmolzen ist. Erhitze das Wasser und verfolge die Temperatur. Im siedenden Wasser zeigt die Temperatur dauernd 100°. Der Abstand (Abb. 19) zwischen dem „Eispunkt" und dem „Siedepunkt" des Wassers am Thermometerrohr wird nach Celsius in 100 Teile, nach Réaumur in 80 Teile und nach Fahrenheit in 180 Teile geteilt.

4 R° = 5 C° = 9 F°

In Deutschland wird durchweg die 100teilige Skala nach Celsius verwandt.

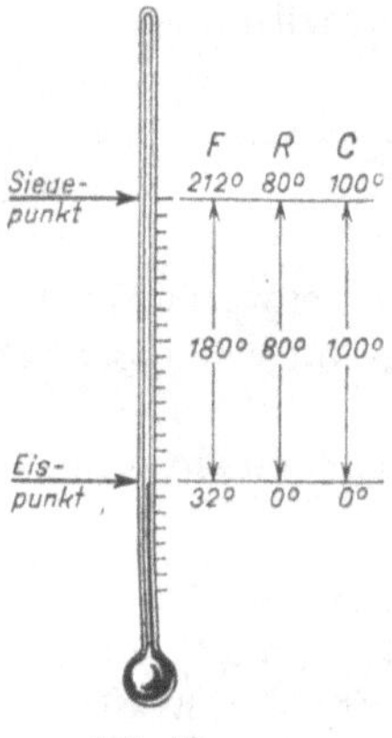

Abb. 19

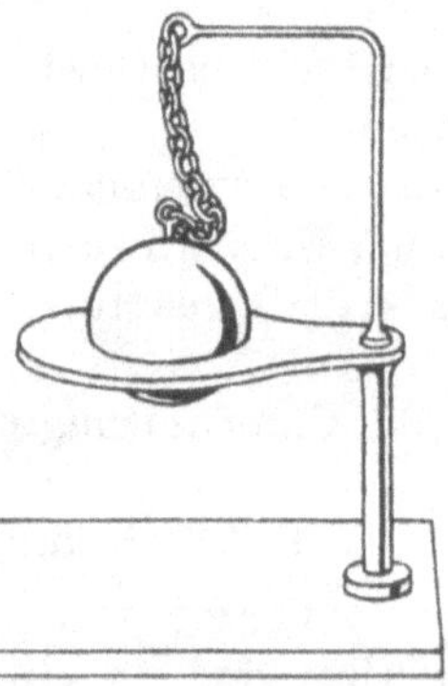
Abb. 20

Abb. 21

2. Ausdehnung der Körper durch die Wärme

a) Feste Körper zeigen beim Erwärmen nur geringe Ausdehnung. Z. B. dehnt sich ein 1 m langer Eisenstab von 0° bei der Erwärmung auf 100° C um 1,2 mm = 0,0012 m aus. Versuch mit Ring und Kugel

(Abb. 20), die nach Erwärmung nicht mehr durch den Ring hindurchgeht. Ausdehnung und Zusammenziehen der erwärmten oder abgekühlten Körper erfolgt mit großer Gewalt. Beispiele!

Lineare Ausdehnungszahl ist die in Metern gemessene Verlängerung, die ein Stab von 1 m Länge bei Erwärmung um 1° erfährt. Messing 0,000019, Glas 0,000004 bis 0,000009.

b) Flüssige Körper dehnen sich stärker aus als feste. Versuch mit Probierglas mit Röhre (Abb. 21), das mit gefärbtem Petroleum gefüllt ist. Wasser zeigt ein von allen Körpern abweichendes Verhalten, das wichtig für den Haushalt der Natur ist. Kühlt man gewöhnliches Leitungswasser ab, so zieht es sich bis +4° C zusammen (kleinstes Volumen!) und dehnt sich beim weiteren Abkühlen bis auf 0° wieder aus. Beim Gefrieren dehnt es sich nochmals aus, und zwar um $^1/_{10}$ seines Volumens.

c) Gasförmige Körper dehnen sich am stärksten aus: Jedes Gas dehnt sich beim Erwärmen um 1° um $^1/_{273}$ seines Volumens bei 0° aus, d. h. beim Erwärmen um 100° etwa um $^1/_3$ seines Volumens.

Versuch mit Probierglas (Länge 15 cm), das etwa eine Minute mit Mündung nach oben in Wasser von 60° gesetzt wird. Dann tauche man es umgekehrt in Wasser von etwa 15° und lasse es 4 bis 5 Minuten abkühlen. Das Wasser steigt 2,5 cm hoch (Abb. 22).

3. Wärmemenge. Artwärme

a) Erwärmt man 1 kg Wasser von 0° auf 20°, so ist dabei die doppelte Wärmemenge erforderlich wie bei der Erwärmung auf 10°.

Maßeinheit der Wärmemenge:

1 Grammkalorie oder kleine Kalorie (cal) ist die Wärmemenge, die 1 g Wasser um 1° C erwärmt.

1 Kilokalorie oder große Kalorie (kcal) ist die Wärmemenge, die 1 kg Wasser um 1° C erwärmt.

Um 5 kg Wasser von 18° auf 60° zu erwärmen, sind $5 \cdot 42 = 210$ kcal erforderlich.

b) Einheit der Artwärme eines Stoffes ist die Wärmemenge, die 1 g um 1° C erwärmt. Sie ist eine jedem Stoff eigentümliche Größe.

Um 100 g Bleischrot von 15° auf 45° zu erwärmen, braucht man nur 90 cal.

Blei	0,03 cal	Quecksilber	0,03 cal
Eisen.	0,11 cal	Alkohol	0,6 cal
Glas .	0,2 cal	Wasser	1,0 cal

Artwärme fester und flüssiger Körper

4. Verbrennungswärme

Die Verbrennungswärme eines Heizstoffes ist die in Kilokalorien angegebene Wärmemenge, die entsteht, wenn 1 kg eines Heizstoffes vollständig verbrannt wird. Sie heißt der Heizwert des Brennstoffes.

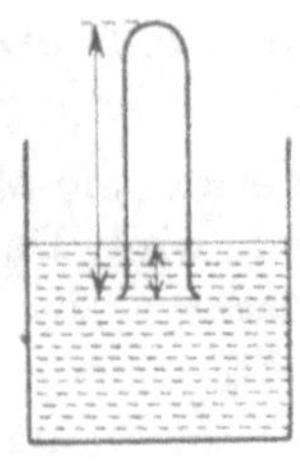

Abb. 22.
Annähernde Bestimmung der Wärmeausdehnungszahl der Luft

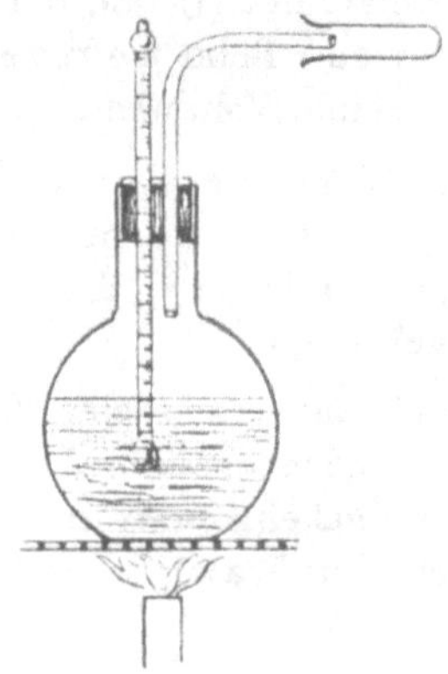

Abb. 23.
Verdampfen und Verdichten

Holz	Braunkohle	Briketts	Steinkohle	Benzin	Petroleum
3500—4000	3000—4500	4500—5000	7200—8000	10500	12000

Heizwert in kcal

5. Änderungen des Aggregatzustandes

a) Schmelzen und Erstarren. Erwärme in einem Probierglas Schwefel und bestimme den Schmelzpunkt, d. h. die Temperatur, bei der der Körper flüssig wird. Kühle dann wieder ab und ermittle den Erstarrungspunkt.

Der Schmelzpunkt ist die Temperatur, bei der ein fester Körper flüssig wird. Der Erstarrungspunkt ist gleich dem Schmelzpunkt.

Quecksilber	—39°	Silber, Kupfer	1000°
Eis	0°	Gußeisen	1200°
Wachs	70°	Schmiedeeisen	1500°
Blei	330°	Platin	1750°

Schmelzpunkte

Die Schmelzwärme eines Stoffes ist die Wärmemenge, die erforderlich ist, um 1 kg des Stoffes bei der Schmelztemperatur aus dem festen in den flüssigen Zustand überzuführen.

Die Schmelzwärme des Eises beträgt 80 kcal. 1 kg Wasser von 80° und 1 kg Eis ergeben 2 kg Wasser von 0°.

b) Verdampfen und Verdichten (Kondensieren).

1. Fülle eine Kochflasche halb mit Wasser und erhitze sie unter genauer Beobachtung des Vorganges (Abb. 23). Beim Verdampfen des Wassers zeigt das Thermometer 100° und bleibt darauf stehen, bis alles Wasser verdampft ist. Bei dieser Temperatur überwindet die Spannkraft des Dampfes den normalen Luftdruck (760 mm). Der Siedepunkt einer Flüssigkeit ist die höchste Temperatur, bei der sie in den gasförmigen Zustand übergeht.

Der Siedepunkt des Wassers ist auf hohen Bergen geringer als 100° (z. B. 84° auf dem Mont Blanc, 4810 m). Beim Erhitzen des Wassers im verschlossenen Topf ist der Siedepunkt höher als 100°.

2. Leitet man den Wasserdampf in ein kaltes Reagenzglas (Abb. 23), so verdichtet (kondensiert) sich der Dampf wieder zu Wasser. Anwendung beim Destillieren.

Verdichtungspunkt und Siedepunkt sind gleich.

Äther	Benzin	Spiritus	Quecksilber
35°	60°	78°	357°

Siedepunkte

3. Das Verdampfen bei gewöhnlicher Temperatur, das nur an der Oberfläche stattfindet, heißt Verdunsten.

c) Die Verdampfungswärme von Wasser ist die Wärmemenge, die erforderlich ist, um 1 kg Wasser von 100° in Dampf von 100° überzuführen.

Sie beträgt bei Wasser 540 kcal. Um 1 kg Wasser von 100° in Dampf von 100° überzuführen, sind 540 kcal nötig.

6. Ausbreitung der Wärme

a) Wärme pflanzt sich fort durch Leitung. Halte eine Stricknadel oder ein Schüreisen in das Feuer! Gute Wärmeleiter sind die Metalle (vor allem Silber und Kupfer), schlechte Asche, Wolle, ruhende Luftschichten. Thermosflasche, Kochkiste.

b) Durch Strömung (strömende Teilchen) wird die Wärme fortgeleitet bei Flüssigkeiten und Gasen, wenn sie einseitig (von unten) erwärmt werden. Wasser-, Luftheizung. Erhitze Wasser in Kochflasche (Sägespäne im Wasser!).

c) Durch Strahlung wird uns durch den leeren Weltenraum Wärme zugeführt. Auch heiße Körper strahlen Wärme aus. Körper mit glänzenden weißen Oberflächen werfen die Wärmestrahlen zurück, dunkle verschlucken sie und werfen nur wenige zurück.

7. Der Verbrennungsmotor

a) Bei den heutigen Verbrennungsmotoren wird als Treibmittel ein sog. Gasgemisch, das meist aus zerstäubten Flüssigkeiten und atmosphärischer Luft besteht (z. B. Benzin mit der 17- bis 18fachen Gewichtsmenge Luft), in den Zylinder angesaugt und dann durch den Kolben schnell verdichtet. Darauf wird durch Entzündung und explosive Verbrennung des Gasgemisches der Kolben zurückgestoßen. Die meisten Flug- und Kraftwagenmotoren arbeiten nach dem Viertaktverfahren.

b) Viertaktverfahren (Abb. 24 und 25).

Takt 1. Ansaugen. Der Kolben geht zurück, wobei durch Kurbelsteuerung das Einlaßventil geöffnet wird. Dabei wird das Gasgemisch angesaugt.

Takt 2. Verdichten. Der Kolben geht vor. Dabei schließt sich das Einlaßventil und das Gasgemisch wird unter starker Erhitzung verdichtet[1]).

Takt 3. Arbeiten. Beide Ventile sind geschlossen. Bei Umkehr des Kolbens wird das Gasgemisch durch die Zündkerze elektrisch entzündet (Fremdzündung). Das Gas verbrennt und stößt den Kolben mit großer Kraft zurück.

Takt 4. Ausstoßen. Das Auspuffventil öffnet sich. Der Kolben wird durch das Schwungrad über den Totpunkt hinaus getrieben und stößt die verbrannten Gase durch das Auspuffrohr ins Freie aus.

---

[1]) Verhältnis des Verbrennungsraumes zum Gesamtraum (Hub- und Verbrennungsraum) bezeichnet das Verdichtungsverhältnis (1 : 5 bis 1 : 7).

Bei einem Arbeitsspiel macht die Kurbelwelle zwei Umdrehungen. Da der Motor hierbei nur einen Hub Arbeit leistet, läuft er stoßweise. Um einen gleichmäßigen Lauf zu erreichen, verwendet man 4, 6, 8, 12 usw. Zylinder, die man hintereinander mit mehreren Arbeitstakten auf eine Umdrehung arbeiten läßt. Die Ventile werden

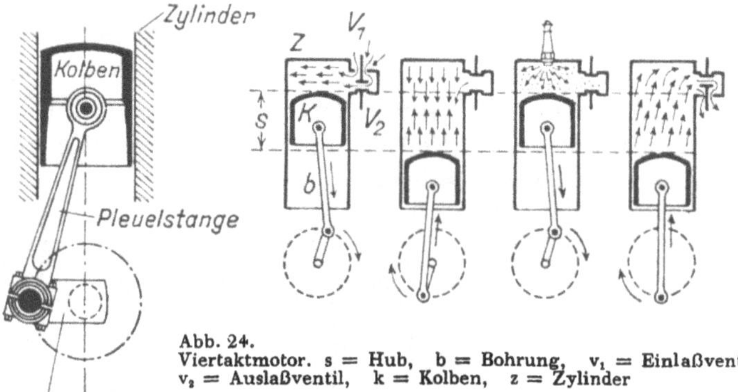

Abb. 24.
Viertaktmotor. s = Hub, b = Bohrung, v_1 = Einlaßventil, v_2 = Auslaßventil, k = Kolben, z = Zylinder

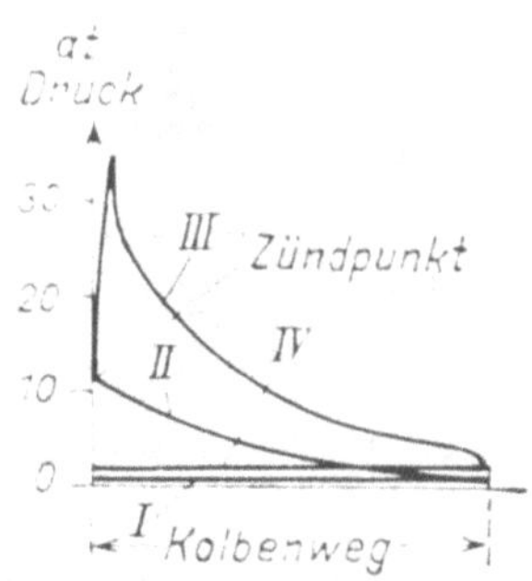

Abb. 25. Druck-Kolbenweg-Diagramm für Viertaktmotor

durch die Maschine selbst gesteuert. Die Zufuhr des Gasgemisches wird durch den Schwimmer des Vergasers[1]) geregelt.

Beim Dieselmotor wird reine Luft angesaugt und diese im Verhältnis von etwa 1 : 15 so hoch verdichtet, daß ihre Temperatur die Entzündungstemperatur des Kraftstoffes übersteigt. Hierbei entzündet sich (Temperatur zwischen 600° und 700°) der durch die Brennstoffpumpe eingespritzte Kraftstoff (Eigenzündung)[2]).

[1]) Durchschnitte oder Bilder von Vergasern sind von Autofahrschulen oder den Herstellern zu erhalten.

[2]) Dieselmotoren werden als Viertakt- wie auch als Zweitaktmotoren gebaut, diese häufig als doppelt wirkende Motoren. Der Dieselmotor ist eine Erfindung des deutschen Ingenieurs Rudolf Diesel.

c) Zweitaktverfahren (Abb. 26).

Beim Zweitaktmotor erfolgt ein Arbeitstakt auf zwei Kolbentakte, also während einer Umdrehung der Kurbelwelle.

Takt 1. Beim Zurückgehen des Kolbens: Zünden des Gemisches, Arbeiten, Auspuffen und Verdichten des Gemisches im Kurbelraum.

Takt 2. Beim Einwärtsgehen des Kolbens: Einströmen des Kraftstoffes durch den Überströmkanal Ü in den Verbrennungsraum und Herausdrücken der verbrannten Gase. Einwärtstreiben des Kolbens durch die Kurbelwelle und Verdichten des Gasgemisches.

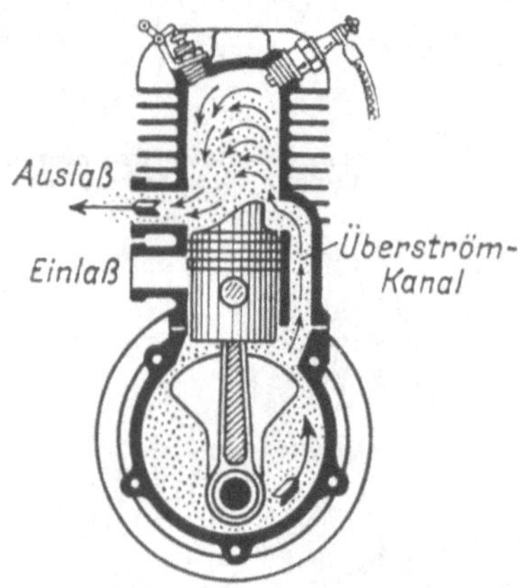

Abb. 26. Zweitaktmotor

d) Der Aufbau der Flugmotoren zeigt Reihen- oder Sternform, und so unterscheidet man Reihen- und Sternmotoren. Die erste Form ist die beim Kraftwagenmotor übliche, bei der zweiten liegen alle Zylinder sternartig in einer Ebene senkrecht zur Motorachse.

e) Die Kraftstoffe sind heute Gemische. 1 kg Benzin (Siedepunkt 60 bis 70°) hat einen Heizwert von 10500 kcal und braucht 15,3 kg Luft (das bedeutet die 15- bis 16fache Menge Luft) zur Verbrennung (Benzol 13,38 kg Luft). Anforderungen an Fliegerbenzin: Oberhalb von —60° keine Ausscheidung von festen Kristallen, da mit der Höhe die Temperatur abnimmt; bei ungefähr 60 bis 70° soll 10% der Benzinmenge verdampft sein, bei 100° 50% und bei höchstens 165° alles (Siedeschluß).

8. Wärme und Arbeit

Wärme ist eine Form der Energie, d. h. der Fähigkeit, Arbeit zu leisten. Man kann durch mechanische Arbeit Wärme erzeugen. (Beim Aufpumpen von Luftschläuchen wird das untere Ende der Luftpumpe heiß.) Umgekehrt kann man durch Wärme (Dampfmaschine, Verbrennungsmotor) mechanische Arbeit leisten.

Zur Erzeugung von 1 kcal ist eine mechanische Arbeit von 427 mkg erforderlich.

V. Der Schall (Akustik)

1. Entstehung und Arten des Schalles

a) Der Schall entsteht durch schwingende Bewegungen eines Körpers. Beachte die schwingenden Bewegungen einer Saite, einer Stimmgabel oder eines im Schraubstock eingeklemmten, in Schwingungen versetzten Stahlbandes (Abb. 27 und 28). Bei Festhalten hört der Schall auf.

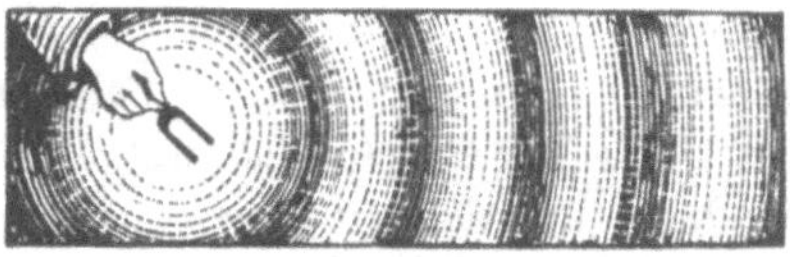

Abb. 27. Schallwellen (Verdichtungen und Verdünnungen der Luft)

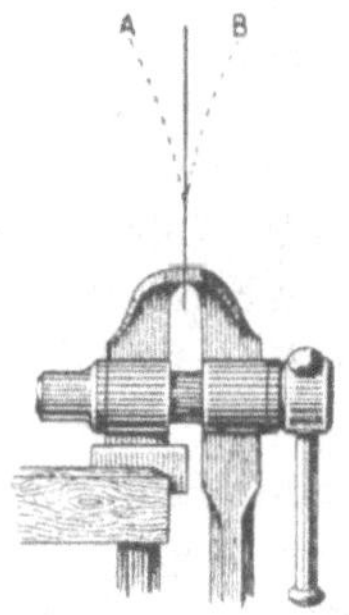

Abb. 28. Schwingendes Stahlband

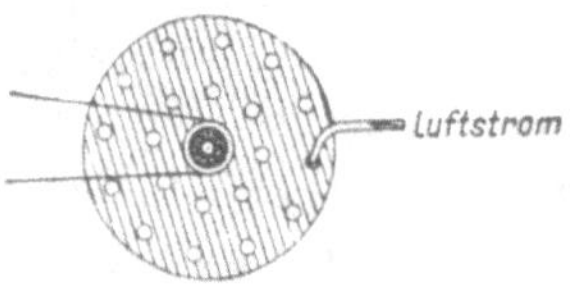

Abb. 29. Lochsirene

b) Man unterscheidet im allgemeinen Knalle, Geräusche und Töne. Der Knall entsteht durch plötzliche Erschütterung der Luft, das Geräusch durch unregelmäßige Schwingungen, der Ton durch regelmäßig sich wiederholende Schwingungen. Nachweis für die Entstehung von Tönen mit einem im Schraubstock eingeklemmten Stahlstreifen oder besser mit der Lochsirene (Abb. 29), die auf der Schwungmaschine gleichmäßig (erst langsam, dann schneller) gedreht wird. Mit einer Glasröhre wird kräftig gegen die Lochreihen geblasen. Dadurch wird die Luft in regelmäßige, schnell aufeinanderfolgende Verdichtungen und Verdünnungen versetzt, die unser Ohr treffen.

c) Beim Ton unterscheidet man Tonhöhe, Tonstärke und Klangfarbe. Bei der Lochsirene wird der Ton mit wachsender Drehgeschwindigkeit höher. Die Schwingungszahl kann aus der Zahl der Umdrehungen der Scheibe berechnet werden.

Ein Ton ist um so höher, je größer seine Schwingungszahl ist.

Die für das Ohr wahrnehmbaren Töne liegen zwischen 16 und 20000 Schwingungen je Sekunde. Die Tonstärke hängt von der Kraft der Schwingungen ab (Versuche an einer Saite). Töne entstehen durch besonders einfache, pendelartige Schwingungen, Klänge dagegen durch zusammengesetzte regelmäßige Schwingungen.

2. Ausbreitung und Geschwindigkeit des Schalles

a) Die Ausbreitung des Schalles geschieht in der Weise, daß z. B. ein eingeklemmtes schwingendes Stahlband (Abb. 28) die Luft in Bewegung setzt. Neigt es sich nach einer Seite, so wird nach dieser die Luft verdichtet. Beim Zurückschnellen folgen ihm dieselben Luftteilchen zurück. Dadurch entsteht eine Verdünnung der Luft. Die abwechselnden Verdichtungen und Verdünnungen breiten sich nach allen Seiten hin gleichmäßig aus. Dabei bleiben die bewegten Luftteilchen fast an derselben Stelle und führen nur Pendelschwingungen aus (Abb. 27).

Die Schallwellen bestehen in Verdichtungen und darauffolgenden Verdünnungen der Luft, die sich allseitig ausbreiten.

Der Schallträger ist hauptsächlich die Luft. Der leere Raum leitet den Schall nicht. Der Schall pflanzt sich auch durch feste und flüssige Körper fort. Halte einen langen Holzstab ans Ohr und an eine weiter ab liegende Taschenuhr.

b) Geschwindigkeit des Schalles. Bestimmung durch Abfeuern eines Kanonenschusses in größerer Entfernung (z. B. 2000 m) vom Beobachter. Dieser sieht sofort das Aufblitzen des Schusses und hört erst nach 6 Sekunden den Knall.

Schallgeschwindigkeit[1]) in m/sec

in Luft bei 18°	in Wasser	in Eisen
343	1435	5000

[1]) Die Schallgeschwindigkeit ist von der jeweiligen Temperatur und vom Wind abhängig. Formel: $c = 330{,}7 + 0{,}66\,t + w \cos \varphi$; t = Temperatur in C°, w = Geschwindigkeit des Windes in m/sec, φ = Winkel zwischen Schall- und Windrichtung.

3. Zurückwerfung (Reflexion[1]) des Schalles. Echolot

a) Die Schallwellen werden an Wänden (Felsen, Wäldern) zurückgeworfen. Versuch (Abb. 30) mit der Uhr in der Papprröhre und dem Spiegel. Der Auftreffwinkel ist gleich dem Reflexionswinkel. Anwendung beim Sprachrohr, um die Schallenergie in einer bestimmten Richtung zusammenzuhalten (Abb. 31). Vgl. Hörrohr. Auf der Zurückwerfung des Schalles beruht auch die Erscheinung des W i d e r h a l l s oder E c h o s.

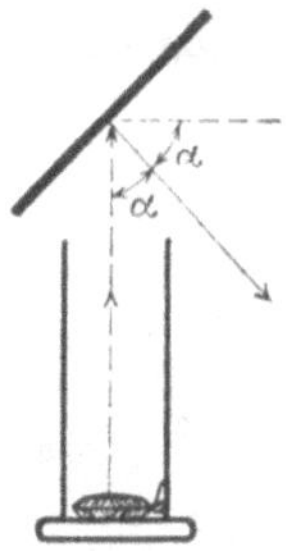

Abb. 30.

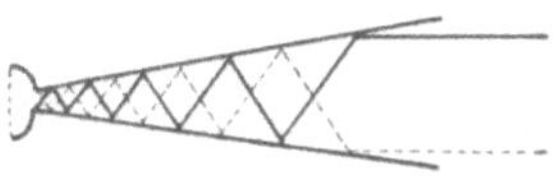

Abb. 31. Schallwellen im Sprachrohr

Unser Ohr vermag höchstens 10 Schalleindrücke (z. B. Silben) in einer Sekunde getrennt aufzunehmen. Die zurückwerfende Wand muß deshalb mindestens $^1/_2$ (340 : 10) = 17 m von der Schallquelle zur Wahrnehmung eines klaren Echos entfernt sein, sonst entsteht störender N a c h h a l l.

b) Das Echolot dient zur Messung von Meerestiefen und Flugzeughöhen (Abb. 32 und 33).

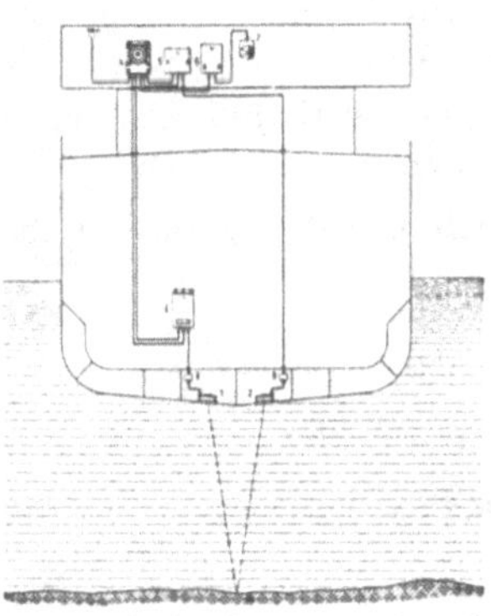

Abb. 32. Anordnung der Geräte einer Echolot-Anlage im Schiff (Elektroacustic, Kiel)

1 = Sender	3 = Stoßkreisgenerator	5 = Verstärker	7 = Alarmglocke
2 = Empfänger	4 = Anzeigegerät	6 = Alarmgerät	8 u. 9 = Kabeldosen

[1]) Von reflectere (lat.) = zurückwenden.

1. Im Boden eines Schiffes befinden sich der Schallsender (1) und der Echoempfänger (2). Die Schallaufzeit von (1) zum Meeresboden und zurück nach (2) wird durch einen Kurzzeitmesser im Anzeigegerät gemessen und durch dieses die zutreffende Wassertiefe sofort angezeigt. Beträgt z. B. die Schallaufzeit 0,45 Sekunden, so hat der Schall 0,45 · 1440 m/sec = 648 m zurückgelegt. Die Wassertiefe beträgt also an der gemessenenen Stelle 324 m. Die Peilung ist auch bei geringen Tiefen recht genau.

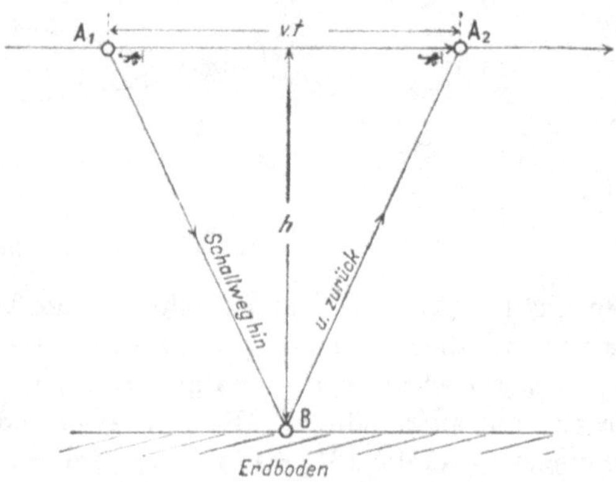

Abb. 33. Echolot mißt Flugzeughöhe

2. Beim Flugzeug muß seine große Eigengeschwindigkeit v beachtet werden. (Beim Schiff kann diese unberücksichtigt bleiben!) Das Schallsignal werde gegeben, wenn das Flugzeug sich in A_1 befindet. Der Schall geht zum Boden B und von da zurück nach A_2, wo das Flugzeug nach t Sekunden ist.

Die Höhe ergibt sich aus der Formel[1]) (Schallgeschwindigkeit bei 18° c = 340 m/sec)

$$h = \sqrt{\frac{t^2 c^2}{2^2} - \frac{t^2 v^2}{2^2}} = \frac{t}{2}\sqrt{c^2 - v^2} \approx \frac{t\,c}{2}\left(1 - \frac{1}{2}\frac{v^2}{c^2}\right)$$

Beispiel. Flugzeuggeschwindigkeit 360 km/st = 100 m/sec; t = 8. Dann ist

$$h = 4\sqrt{115\,600 - 10\,000} = 4\sqrt{105\,600} = 4 \cdot 325 = 1300 \text{ m hoch.}$$

[1]) Sie ergibt sich einfach an Hand der Abb. 33 nach dem Satz des Pythagoras.

4. Mittönen, Resonanz, Klangfarbe (Obertöne)

a) Stelle zwei gleichgestimmte Stimmgabeln mit der offenen Seite der Resonanzkästen[1]) einander gegenüber und streiche die eine an. Dann tönt die andere mit.

b) Man spricht von Resonanz, wenn das Mittönen wie bei dem Kasten der Stimmgabel oder dem Boden der Violine benutzt wird, um den Ton zu verstärken.

c) Berührt man eine schwingende Saite in der Mitte, so hört man nur die Töne, die 2-, 4-, 6mal so viel Schwingungen haben wie der Grundton. Sie heißen Obertöne und bestimmen die Klangfarbe des Tones.

5. Brechung und Beugung des Schalles
Reichweite des Schalles

a) Brechung des Schalles beobachtet man entsprechend wie beim Lichtstrahl beim Übergang in ein anderes Mittel. Läßt man ein Bündel von parallelen Schallstrahlen auf ein großes, mit dünnem Stoff bekleidetes Prisma aus Kohlendioxyd fallen, so werden die Schallstrahlen nach dem dicken Ende des Prismas abgelenkt.

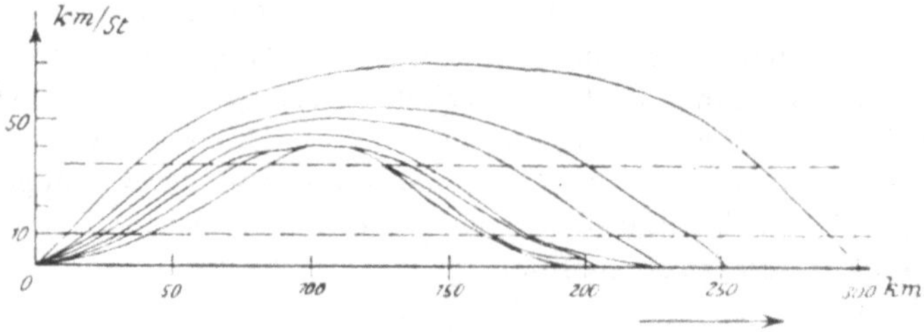

Abb. 34. Schallstrahlen im Luftraum

In der Abb. 34 ist der Gang von Schallstrahlen in der Atmosphäre dargestellt. Bei großen Explosionen oder starkem Kanonendonner gelangen die Schallstrahlen in Luftschichten von anderer Temperatur und geringerer Feuchtigkeit, werden nach oben abgelenkt und kommen, wohl nach Reflexion in einer besonderen Schicht, wieder zur Erde zurück. Das erklärt die bemerkenswerte Erscheinung der „Zone des Schweigens", die im Weltkrieg oft beobachtet wurde. Bei einer großen Explosion in Moskau 1920 wurde der Schall im Umkreis von etwa 60 km gehört, in dem Ring von 60 bis 170 km wurde nichts vernommen, dagegen im weiteren Ring von 170 bis 270 km wieder deutlich beobachtet.

[1]) Von resonare = wiedertönen.

b) Die Beugung des Schalles zeigt deutlich die Erfahrung, daß man hinter Mauern und hohen Häusern Geräusche von der andern Seite hört.

c) Die Reichweite des Schalles ist stark durch die akustischen Verhältnisse der Atmosphäre bedingt. Wie man von Graden verschiedener „Sehklarheit" sprechen kann, so gilt das auch für die „Hörklarheit" (Waetzmann[1]). Gebiete unregelmäßiger Brechung und Reflexion (Schallwolken) können die Hörklarheit sehr beeinträchtigen, insbesondere das Richtungshören durch die Schallstreuung. Donner wird merkwürdigerweise selten über 10 km gehört. Weiteres s. Flugzeugschall.

6. Interferenz und Schwebungen

a) Interferenz bezeichnet die Wirkung des Zusammentreffens mehrerer Wellen. Wenn zwei Töne von fast gleicher Schwingungszahl (Wellenlänge) zusammenklingen, so hört man ein regelmäßiges abwechselndes An- und Abschwellen der Tonstärke, was man mit „Schwebungen" bezeichnet. (Ihre Zahl je Sekunde ist gleich der Differenz der Schwingungszahlen beider Töne.)

Versuch mit zwei gleichgestimmten Stimmgabeln auf Resonanzkästen, von denen eine durch Ankleben von Wachs oder Anschrauben einer Blechklemme an beide Zinken tiefer gestimmt ist. Das Anschwellen des Tones ist durch Zusammentreffen von Verdichtungen, das Abschwellen durch das Zusammentreffen von Verdichtungen einer Schallwelle mit Verdünnungen der andern zu erklären (Schwebungen sind eine Interferenzerscheinung).

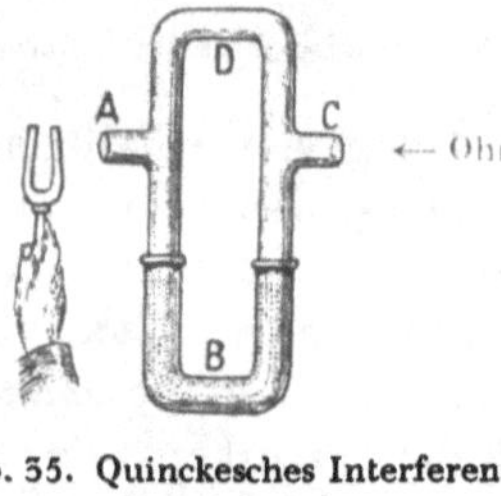

Abb. 35. Quinckesches Interferenzrohr

b) Nachweis der Interferenz zweier gleich hoher Töne mit dem Quinckeschen Interfrenzrohr (Abb. 35). Der Ton der Stimmgabel gelangt auf zwei Wegen zum Ohr. Sind die Wege über B und D gleich, so verstärken sich die Teilwellen am Ohr; sind sie dagegen um eine

[1]) Waetzmann, Schule des Horchens (Verlag B. G. Teubner, Leipzig).

halbe Wellenlänge verschieden (für den Kammerton a um 38 cm!), so vernichten sich die Teilwellen.

7. Bestimmung der Schallrichtung

a) Das Richtunghören ohne Hilfsmittel kann durch Übung sehr gesteigert werden. Dadurch, daß wir mit zwei Ohren hören, können wir die Richtung, aus der der Schall kommt, recht genau angeben. Bedeuten in Abb. 36 L und R die Orte beider Ohren und S die Schallquelle, so gelangt der Schall eher nach dem rechten Ohr R als nach dem linken Ohr L. Nach Waetzmann genügt schon ein

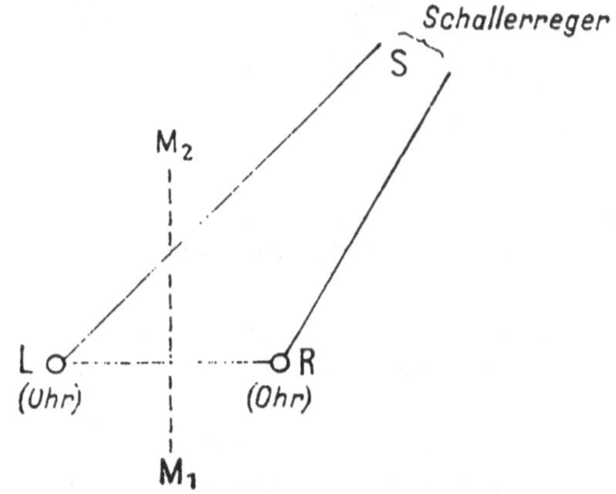

Abb. 36. Das Richtungshören ohne Hilfsmittel

ganz kleiner Zeitunterschied von 1 : 34000 Sekunden, d. h. ein Wegunterschied von 1 cm, um eine Abweichung nach rechts oder links von der Mittellage M_1 M_2 zu bemerken. Für den Richtungseindruck ist der Zeitunterschied maßgebend, mit dem der Reiz desselben Schalles zu den Ohren des Beobachters kommt. Erfahrungsgemäß ist der Richtungseindruck in der Nähe der Mittelebene schärfer als nach der Seite.

Auch mit einem Ohre kann man die Richtung der Schallquelle noch recht gut angeben. Das beruht wohl darauf, daß durch die Ohröffnung eine gewisse Richtung festgelegt ist und ferner durch Drehen des Kopfes die Richtung des stärksten Schalles ermittelt werden kann. Horchübungen s. Waetzmann, Schule des Horchens. Durch künstliche Vergrößerung des Ohrabstandes kann die Richtungsbestimmung des Schalles verfeinert werden, denn der dafür wesentliche Weg- und Zeitunterschied (Abb. 36), mit dem die Schallstrahlen

SR und SL nach dem rechten oder linken Ohr gelangen, wächst mit der Vergrößerung des Ohrabstandes. Wir benutzen zu einfachen Übungen zwei gleiche Blechtrichter (Abb. 37), die wir an eine Leiste befestigen und deren Rohrenden wir durch zwei Hörschläuche mit Glasrohransätzen mit den Ohren verbinden. Wird der Abstand der beiden Trichter 10mal so groß wie der gewöhnliche Ohrenabstand (21 cm) gewählt, so können wir bereits in der Mittelebene eine Genauigkeit von $0{,}3^0$ statt 3^0 erreichen.

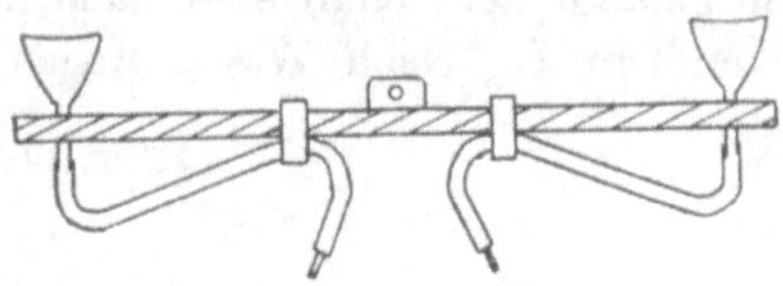

Abb. 37. Künstliche Vergrößerung des Ohrenabstandes

Mit dem einfachen Gerät in Abb. 37 kann nur die Seitenrichtung bestimmt werden. Die Anpeilung von Höhenzielen ist schwieriger. Näheres s. 9a), S. 35 und 36.

Bei Dauertönen, wie sie z. B. beim Flugzeug zutreffen, ist für die richtige Bestimmung der Schallrichtung der Zeitunterschied zwischen dem Eintreffen eines bestimmten Tones in dem einen Ohr und des gleichen Tones in dem andern Ohr maßgebend.

Beim Anpeilen von beweglichen Zielen wie Flugzeugen ist zu beachten, daß die Richtungsbestimmung der jeweiligen wirklichen Richtung nach dem Ziel nachhinkt.

b) Das Schallmeßverfahren wurde im Weltkrieg weitgehend benutzt, um den Standort von Geschützen oder den Einschlagsort von Geschossen festzustellen. Dazu sind mindestens 3 Beobachtungsstellen A, B und C erforderlich, die durch Fernsprecher miteinander und mit einer Zentrale verbunden sind.

Trifft z. B. der Knall eines Geschützes bei B um 2 Sekunden später als bei A ein, so muß das Geschütz auf einer Hyperbel mit A und B als Brennpunkten liegen, für deren sämtliche Punkte P die Differenz der Abstände PB—PA = dem festen Wert 2 · 340 m = 680 m ist. Für den praktischen Gebrauch sind auf einer genauen Karte die Beobachtungspunkte A, B und C und die Hyperbeln für AB und BC für die Zeitunterschiede 1, 2, . . . Sekunde eingetragen. Die gemeldeten Zeitunterschiede entsprechen zwei bestimmten Hyperbeln, deren Schnittpunkt den Standort des Geschützes angibt.

8. Entstehung und Zusammensetzung des Flugzeugschalles

a) Die Kenntnis des Flugzeugschalles ist notwendig zur Unterscheidung von Flugzeugen bei Nacht und zum Bau von zweckmäßigen Horchgeräten und möglichst schallfreien Flugzeugen.

b) Der Flugzeugschall wird verursacht hauptsächlich vom Motor und der Luftschraube und daneben vom Flugzeug in seiner Gesamtheit.

1. Der Motorschall setzt sich zusammen aus den regelmäßigen Erschütterungen der Luft durch die Explosionen (z. B. $3 \cdot 24 = 72$/sec beim Sechszylindermotor mit der Umdrehungszahl 1440/min) und den Resonanzschwingungen im Auspuff. Bei dem Beispiel entsteht ein Klang mit dem Grundton 72 und den zugehörigen Obertönen. Der Auspuffschall ist geräuschartig, wenn das Auspuffrohr fehlt.

2. Der Luftschraubenschall besteht aus Geräuschen und Tönen, die Waetzmann als „Drehklang" bezeichnet. Bei Drehzahlen unter 800/min ist sein Lärm mäßig. Verstärkt wird der Schall durch das Mitschwingen der Tragfläche, vor allem aber dadurch, daß die Luftschraube den gleichmäßigen Luftabfluß am Flugzeug stört. Hat das Flugzeug zwei Luftschrauben, so sind auf weite Strecken Schwebungen zu hören.

9. Anpeilen des Flugzeugschalles

a) Ein Fliegerhorchgerät soll erstens die Reichweite des Ohres für den Schall vergrößern, zweitens eine möglichst genaue und schnelle Bestimmung der Richtung des Schallerregers gewährleisten. Das geschieht durch „Hörverstärker" und

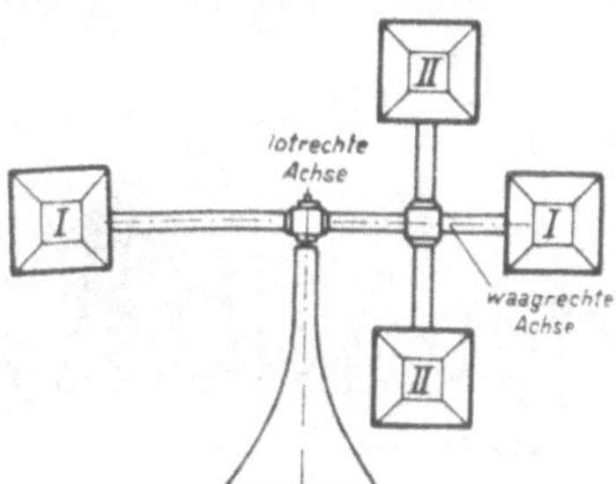

Abb. 38. Schema eines Richtungshörers für Seite (I) und Höhe (II). I drehbar um die lotrechte Achse; II drehbar auch um die waagerechte Achse

„Richtungshörvorrichtungen". Zur Hörverstärkung dienen sehr große Trichter mit entsprechender Öffnung, die schon dann den Schall anzeigen, wenn das Ohr noch versagt. Zur schnellen Festlegung der Seiten- und Höhenrichtung nach dem Schallregler im Hörfeld werden vielfach zwei Trichterpaare (Abb. 38) benutzt, das eine für die Seiten-, das andere für die Höhenrichtung. Sämtliche Trichter sind drehbar um eine lotrechte Drehachse, die Trichter II außerdem noch um eine waagerechte. In Abb. 39 und 40 sind gebräuchliche Horchgeräte dargestellt. Bei neuzeitlichen Geräten benutzt man Trichter von sogenannter Exponentialform [1]), da hierbei die Verluste durch Zurückwerfung und Interferenz am geringsten sind. Schallempfänger auf elektrischer Grundlage bieten für die Flugzeugortung keine besonderen Vorteile.

Abb. 39. Französisches Horchgerät

Beim Goerzschen Richtungshörer ist der Empfänger ein Paraboloid [2]), das mit einem Ellipsoid so vereinigt ist, daß der Brennpunkt des ersten

[1]) Die Trichter Abb. 40 haben eine solche Form. Bei ihr nimmt die Weite in einem bestimmten Verhältnis zur Tiefe ab.

[2]) Ein Paraboloid entsteht durch Drehung einer Parabel um die Achse, ein Ellipsoid durch Drehung einer Ellipse um die Hauptachse.

mit einem Brennpunkt des zweiten zusammenfällt. Das Ohr befindet sich im zweiten Brennpunkt des Ellipsoids. Zur Begründung der Anordnung s. Das Licht Ziff. 7.

Abb. 40. Amerikanisches Horchgerät

Der auf dem Titelblatt abgebildete Ringtrichter-Richtungshörer (R.R.H.) ist bei der deutschen Wehrmacht in Gebrauch.

b) Bei Aufstellung sind störende Einflüsse von Wind und Geräuschen möglichst zu vermeiden. Günstig sind Erdmulden. Die Bedeutung des Wetters für das Richtungshören ist noch wenig geklärt.

VI. Magnetismus und Elektrizität

1. Grunderscheinungen des Magnetismus

a) Eigenschaften eines Magneten. Ein Magnet, der gewöhnlich Hufeisen- oder Stabform hat, zieht Eisenteile (Stahlfedern, Stricknadeln, Nägel, Eisenfeilspäne) und Nickelstücke an. Versuch!

Es gibt natürliche und künstliche Magnete. Streiche mehrmals eine Stricknadel mit dem Ende eines Magneten und bestreue sie dann mit

Eisenfeilspänen (Abb. 41). Diese haften besonders an den Enden; in der Mitte dagegen bleibt fast nichts haften. Das ist auch beim natürlichen Magneten der Fall.

Die Stellen stärkster Anziehung heißen Pole.

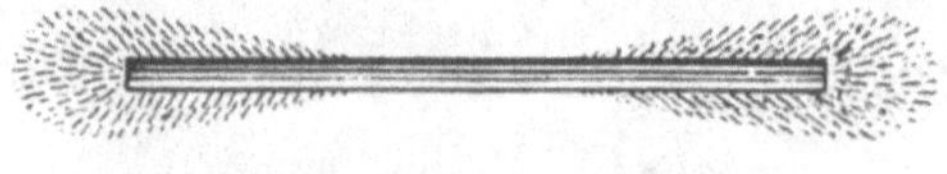

Abb. 41. Magnetisierte Stricknadel mit Eisenfeilspänen

b) Pole. Ein Magnet (Abb. 42) oder eine in der Mitte aufgehängte magnetsisierte Stricknadel stellt sich ungefähr in die Nordsüdrichtung. Dabei zeigt immer derselbe Pol nach Norden, der andere nach Süden. Man bezeichnet sie als Nord- und Südpol. Bei Magnetnadeln wird der Nordpol immer blau angelassen. Der Versuch (Abb. 43) ergibt:

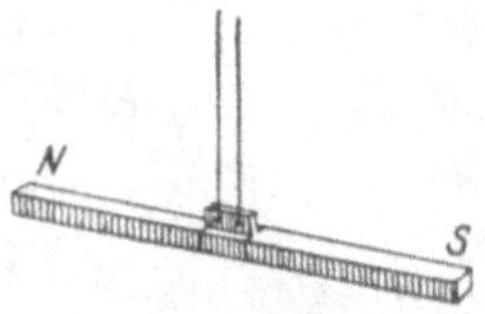

Abb. 42. Aufgehängter Magnetstab

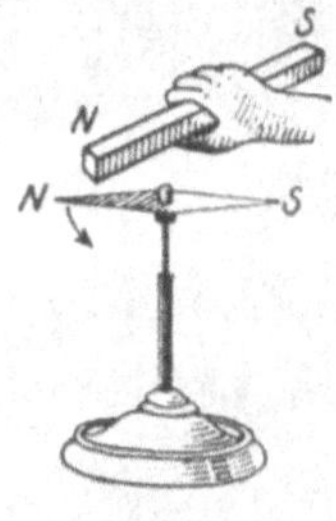

Abb. 43. Nordpol stößt Nordpol ab

Gleichnamige Pole stoßen einander ab, ungleichnamige ziehen sich an. Unmagnetisiertes Eisen zieht beide Pole an.

c) Der Kompaß ist eine auf einer Spitze ruhende Magnetnadel, die sich waagerecht drehen kann und von einer schützenden Kapsel umgeben ist. Mit einer Windrose versehen, gibt sie die Nordrichtung an und wird im Flugzeug und Schiff zur Ermittlung der Fahrtrichtung, auch zum Einrichten der Geschütze benutzt. Abb. 44 zeigt eine sog. Bussole [1]).

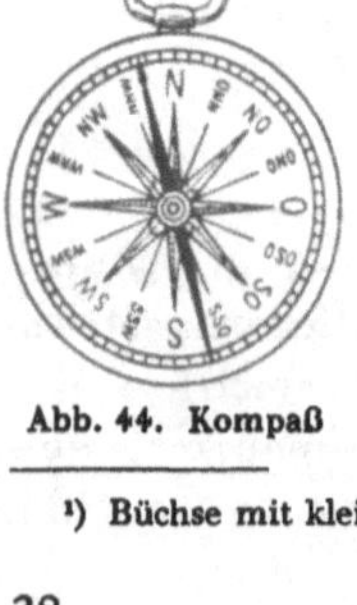

Abb. 44. Kompaß

d) Erdmagnetismus. Aus der Einstellung der Kompaßnadel ergibt sich, daß die Erde selbst ein Magnet mit 2 Polen ist. Diese sind auch festgestellt worden. Die Richtung der Magnetnadel weicht von der geographischen Nordrichtung nach Westen oder Osten ab. Die

[1]) Büchse mit kleiner Magnetnadel. Bussole von ital. bussola = Büchse.

Abweichung heißt Deklination oder Mißweisung. Für die Artillerie kommt für das Nehmen der Richtung nach der Karte die sogenannte Nadelabweichung in Betracht. Damit bezeichnet man den Winkel zwischen der fehlerfreien, durch Eisen, Starkstrom usw. nicht beeinflußten Richtung der Nadel und den allgemein nach Norden weisenden Gitterlinien des Kartenblatts (Gitternord). Die Nadelabweichung für das südliche Berlin betrug April 37 rd. 5,1^0 westl. = 90 Teilstriche (90^-).

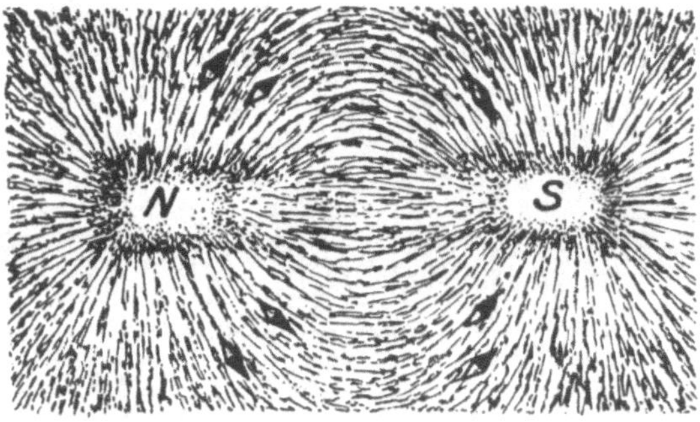

Abb. 45. Magnetische Feldlinien eines Stabmagneten

2. Das magnetische Kraftfeld

a) Die Kraftwirkung eines Magneten nimmt mit der Entfernung ab (Versuch). Der Wirkungsbereich eines Magneten heißt sein magnetisches Feld. Mit einer kleinen Bussole kann der Verlauf der Kraftlinien, die die Richtung der Magnetnadel bezeichnen, verfolgt werden.

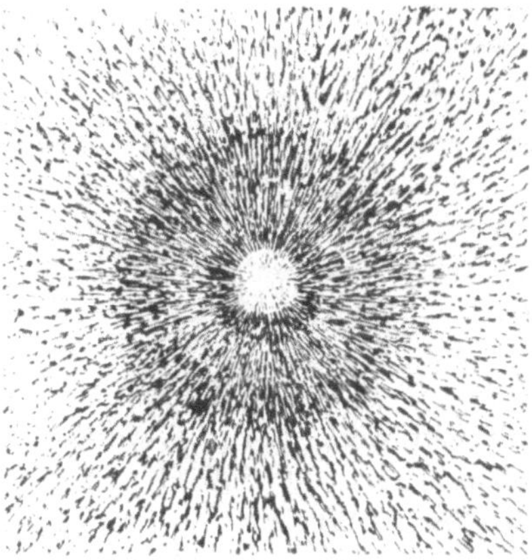

Abb. 46. Magnetische Feldlinien eines Poles

Zur Veranschaulichung der Feldlinien legt man über den Stabmagneten (Hufeisenmagneten) einen Zeichenbogen und streut darauf unter leisem Klopfen Eisenfeilspäne (Abb. 45). Stelle ein Kraftlinienbild eines Nordpoles her (Abb. 46).

b) Der Versuch Abb. 47 zeigt in der Tat, wie ein Pol in der Richtung der Kraft- oder Feldlinien fortgetrieben wird. Der Schwimmer ist eine magnetsisierte Stricknadel, die durch einen Korken gesteckt ist. Versuch auch mit Hufeisenmagnet. Als Richtung der Kraftlinien wird die Bewegungsrichtung eines Nordpols festgelegt.

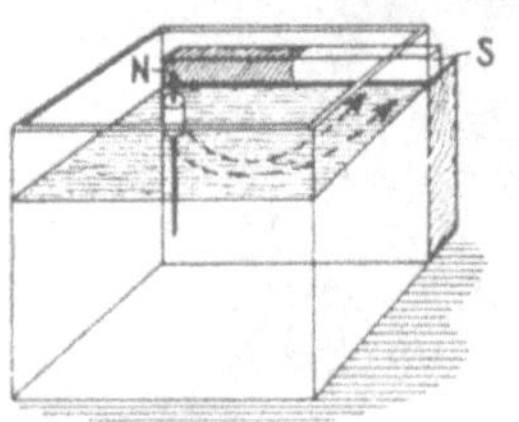

Abb. 47. Magnetstab schwimmt im Kraftfeld längs den Kraftlinien

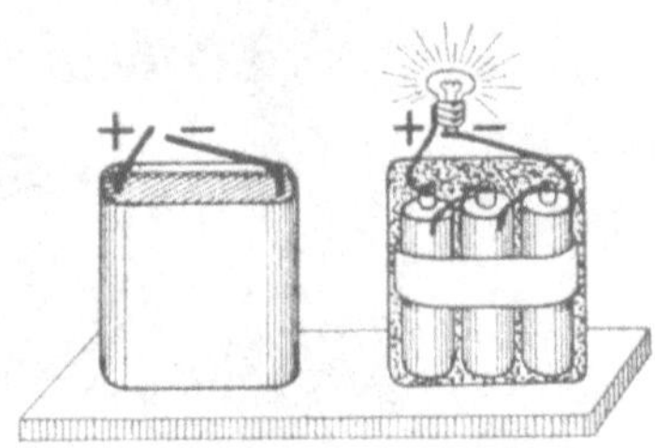

Abb. 48. Elektrische Taschenlampe als Zentrale

3. Elektrischer Strom

a) Der **elektrische Strom** dient heute in weitgehendem Maße als Träger der Energie. Er liefert uns Licht, Wärme (kocht, bügelt, heizt) und mechanische Energie (treibt Bahnen, Maschinen, Geräte, betätigt Signale und übermittelt Gespräche). Für unsere Sinne nicht unmittelbar wahrnehmbar, ist er nur aus seinen Wirkungen zu erkennen.

b) Wir nehmen eine einfache elektrische Taschenlampe (Abb. 48), die eine vollständige elektrische Zentrale mit Beleuchtungsanlage vereinigt. Die erste ist die elektrische Batterie, die oben 2 Kontaktstreifen aus Metall, die beiden Pole, hat. Der kurze ist der positive (Pluspol), der längere der negative Pol (Minuspol). Schließen wir die Beleuchtungsanlage, die kleine Glühlampe, an die Pole an, so glüht die Lampe. Dasselbe tritt auch ein, wenn die Pole vertauscht werden. Die Glühlampe wirkt als Stromanzeiger. Die Batterie erzeugt auf Grund chemischer Vorgänge elektrische Energie. Diese führt der elektrische Strom zur Glühbirne, gibt sie z. T. in Form von Licht und Wärme ab und bringt die nicht verbrauchte Energie zur Zentrale zurück (Kreislauf der Energie). Das Entsprechende im großen haben wir, wenn wir den Stecker einer eingeschalteten Tischlampe in die Buchsen der Steckdose (Abb. 49), die Pole der Netzleitung, stecken.

Als Stromrichtung ist die Richtung vom positiven Pol durch den Draht zum negativen Pol festgesetzt[1]). (Elektriker-Kongreß Paris 1881.)

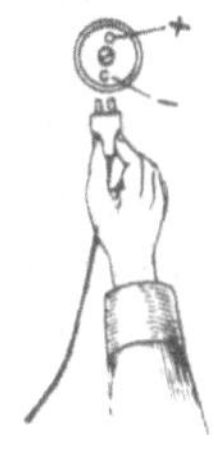

Abb. 49. Steckdose

c) Die **Bestimmung der Pole** erfolgt am einfachsten mit angefeuchtetem Polreagenspapier (mit einer Lösung von Phenolphthalein getränktes Fließpapier, Abb. 50). Zu diesem Zwecke hält man die Enden zweier mit den Polen einer Leitung verbundenen (Vorsicht!) Drähte nebeneinander auf das Papier, das sich am negativen Pol rot färbt. Sicherer ist die Benutzung einer Glimmlampe (eine mit Neongas gefüllte Glühbirne, in der 2 Plättchen aus Blech im Abstande von 3—5 mm als Pole einander gegenüberstehen). Auch die Glimmlampe zeigt am negativen Pol Rotfärbung. Das trifft zu, wenn der Strom immer in derselben Richtung fließt, also bei sog. Gleich-

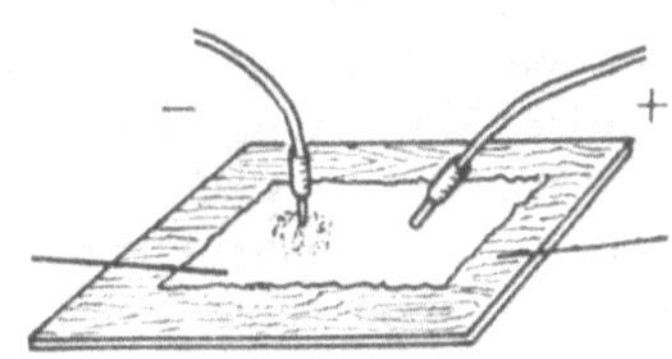

Der Minuspol färbt feuchtes Polreagenspapier rot. Abstand der Pole 1,5—2 mm (Lampenwiderstand!)

Abb. 50. Bestimmung der Pole

strom. Wenn jedoch beim Anlegen der Glimmlampe beide Plättchen leuchten und beim Hin- und Herbewegen abwechselnd leuchten, so haben wir Wechselstrom, d. h. einen Strom, der seine Richtung dauernd umkehrt (Kennzeichnung des Wechselstroms).

4. Das Galvanometer als Strom- und Richtungsanzeiger

a) Halte den Verbindungsdraht der Pole einer Taschenbatterie (eines Elements) so über eine Magnetnadel, daß der Strom von Süden nach Norden fließt. Der Nordpol wird nach Westen

[1]) An dieser Festsetzung muß aus praktischen Gründen festgehalten werden, obgleich nach dem heutigen Standpunkt der Physik die Elektronen beim elektrischen Strom vom negativen Pol durch den Leitungsdraht zum positiven Pol fließen.

abgelenkt, bei Umkehrung des Stromes dagegen nach Osten (Abb. 51).

Rechtehandregel: Hält man die rechte Hand so an den Draht, daß die Fingerspitzen in die Stromrichtung weisen und die innere Handfläche der Magnetnadel zugekehrt ist, dann wird der Nordpol in der Richtung des ausgestreckten Daumens abgelenkt.

Umgekehrt ergibt die Regel aus der Ablenkung des Nordpols die Stromrichtung.

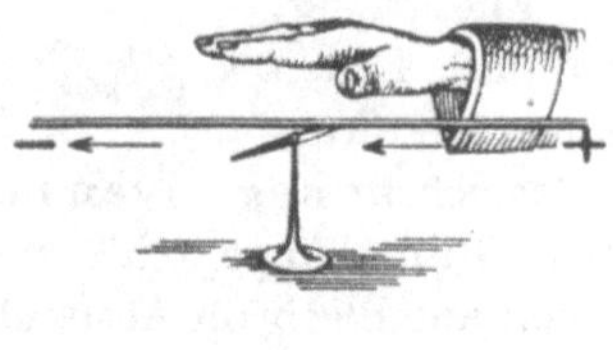

Abb. 51. Ablenkung der Magnetnadel durch Stromträger

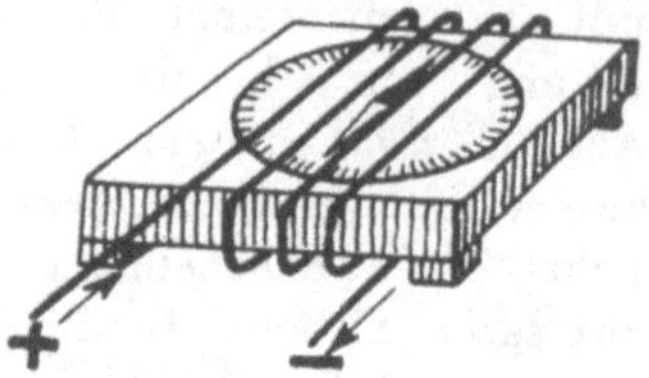

Abb. 52. Einfaches Galvanometer

Die Ablenkung wird verstärkt, wenn der Draht in mehreren, voneinander isolierten (getrennten) Windungen um die Nadel geführt wird. Anwendung bei den Galvanometern (Abb. 52), das sind Geräte, die den Strom durch seine magnetischen Wirkungen anzeigen und zum Vergleichen mit einer Teilung versehen sind.

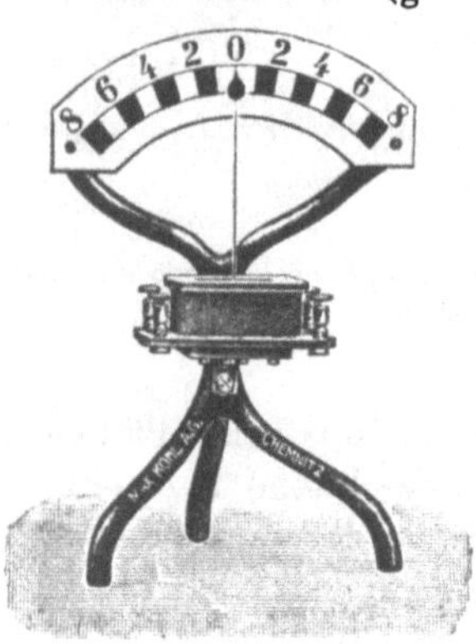

Abb. 53. Vertikalgalvanometer

b) Das Vertikalgalvanometer (Abb. 53) ist emfindlicher und bequemer als das waagerechte Galvanometer. Es enthält in einer lotrecht stehenden Stromspule einen kleinen Magnetstab, der sich wie ein Waagebalken drehen kann. Der Zeiger an der Nadel zeigt an einer Teilung die Größe des Ausschlages an.

5. Leiter und Nichtleiter

a) Versuche

Von einer Steckdose (Abb. 54) werden Leitungsdrähte durch eine Glühlampe (die als Schalter dient) zu 2 Standgabeln A und B geführt. Man verbindet A und B mit Stäben aus Glas, Hartgummi, trockenem

Holz, Pappstreifen. Der Stromanzeiger, die Lampe, brennt nicht. Geschieht die Verbindung durch Metall- oder Kohlenstäbe, so leuchtet die Lampe auf.

In ein mit destilliertem Wasser gefülltes Gefäß (Wanne oder Becherglas) tauche 2 Kohlenstifte ein (Abb. 55) und schließe sie an die Netzleitung an. Es ist keinerlei Wirkung zu beobachten, auch zeigt ein eingeschaltetes Galvanometer keinen Strom an (kein Ausschlag!). Reines Wasser leitet also den elektrischen Strom nicht. Gießt man nun Schwe-

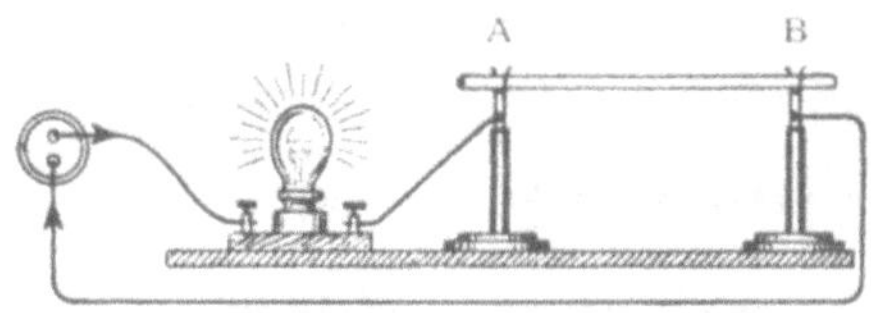

Abb. 54. Prüfung der Leitfähigkeit

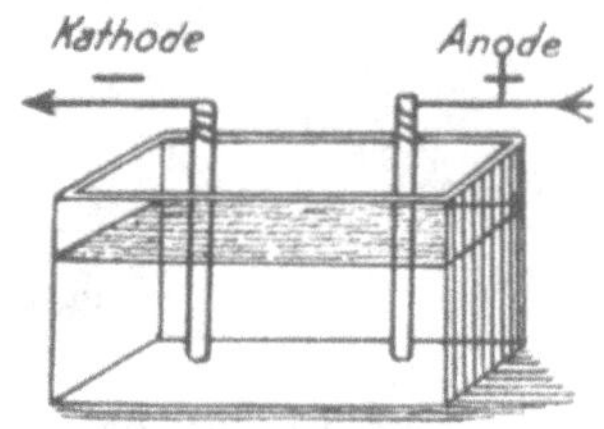

Abb. 55. Leitfähigkeit von reinem und angesäuertem Wasser

felsäure in das Becherglas, so bemerkt man das Fließen des Stromes. Kohlenstifte oder Metallstreifen, die Strom in eine Flüssigkeit ein- und ausführen, heißen Elektroden. Das mit dem Pluspol verbundene Leitungsende heißt Anode (Hinaufweg), das mit dem Minuspol verbundene Leitungsende heißt Kathode (Hinabweg).

b) Ergebnis: Gute Leiter sind Metalle, Kohle, Säuren und Salzlösungen, mäßige oder schlechte der menschliche Körper, die Erde, feuchtes Holz. Nichtleiter (Isolatoren[1]) sind Glas, Hartgummi, Porzellan, Paraffin.

6. Der elektrische Kreislauf. Spannung, Stromstärke und Widerstand

a) Um ein sinnfälliges Bild des elektrischen Kreislaufs zu haben, benutzen wir zum Vergleich einen geschlossenen Wasserkreislauf (Abb. 56). Soll in einer Ringleitung Wasser zum Strömen gebracht werden, so muß eine Pumpe vorhanden sein, die das Wasser auf eine bestimmte Höhe drückt und ihm dadurch die erforderliche Energie (Arbeitsvermögen) verleiht. Diese wird beim Auftreffen auf ein Wasserrad (Turbine) z. T. verbraucht und fließt dann zur Pumpe

[1]) Vom ital. isolare = allein stellen.

zurück. Beim elektrischen Kreislauf treten an Stelle des Wassers nach der heutigen Anschauung sog. Elektronen, kleinste Elektrizitätsteilchen, die, ähnlich wie das Wasser durch die Rohrleitungen, durch die elektrische Leitung und die Geräte hindurchgedrängt werden.

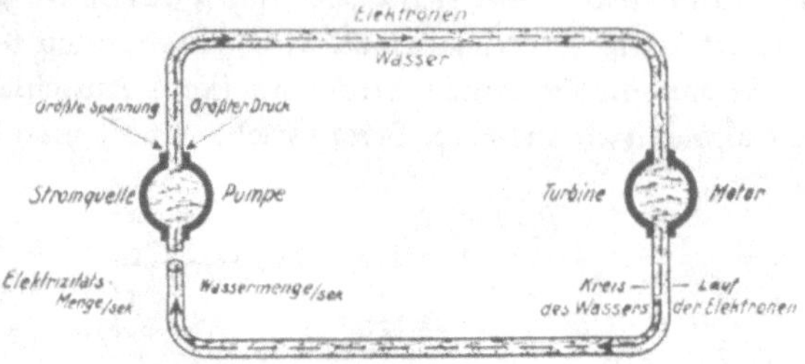

Abb. 56. Elektrischer und geschlossener Wasserkreislauf

b) Ursache und Kennzeichen des elektrischen Stromes.

1. Spannung. Die Ursache für das Ausfließen von Wasser aus dem Leitungshahn ist der Überdruck, unter dem das Wasser (halte bei schwach geöffnetem Hahn den Daumen unter die Öffnung) gegenüber der Außenluft steht. Auch Gas strömt nur bei Überdruck aus der Leitung. Entsprechend besteht bei dem elektrischen Strom eine Art Druck, die als Spannung bezeichnet wird. Diese Spannung an der Steckdose tritt in Erscheinung beim Aufleuchten einer angeschlossenen Lampe oder unangenehm durch einen elektrischen Schlag beim Berühren. Sie wird in unserer kleinen Batterie oder in einer elektrischen Maschine durch die die Elektronen bewegende Kraft, die sog. elektromotorische Kraft (abgekürzt EMK) immer erneuert. Wie beim Wasser der Überdruck durch Druckmesser (Manometer) festgestellt werden kann, so auch die elektrische Spannung.

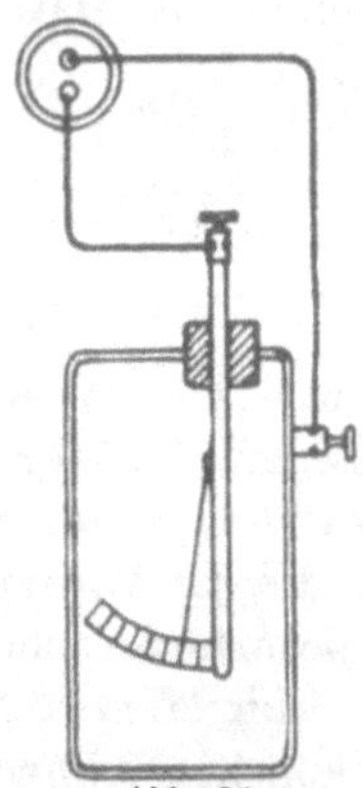

Abb. 57. Elektroskop zeigt Spannung an

Nachweis der elektrischen Spannung mit Elektroskop (Abb. 57).

In einem Metallgehäuse, das vorn eine Glasscheibe trägt, ist an einem Metallstab mit Knopf ein Streifen aus Aluminiumfolie befestigt und durch Hartgummi gegen das Gehäuse isoliert. An einem Gradbogen können die verschiedenen Spannungen verglichen werden. Das Elektroskop zeigt die zwischen Blättchen und Gehäuse bestehende Spannung an.

Die Einheit der Spannung ist das Volt (V), benannt nach dem italienischen Physiker Volta (genaue Erklärung später).

Die Spannung an den Polen der Steckdose beträgt in der Regel 110 oder 220 Volt.

2. Stromstärke. Bei unserm Wasserkreislauf wird die „Stärke" des Wasserstroms nach der Wassermenge in l oder cbm beurteilt, die in der Sekunde durch den Querschnitt des Rohres hindurchfließt. Entsprechend wird die elektrische Stromstärke nach der in der Sekunde durch den Querschnitt des Leiters hindurchströmenden Elektronenmenge gemessen.

Die Einheit der Stromstärke ist das Ampere (A), benannt nach dem französischen Physiker Ampère (genaue Erklärung später).

3. Widerstand. Der Widerstand des strömenden Wassers ist um so größer, je länger und enger das Leitungsrohr und je rauher die Innenfläche der Leitung (z. B. durch Kalkansatz) ist. Ebenso ist der Widerstand des elektrischen Stromes abhängig von der Länge und dem Querschnitt der Leitungsdrähte und dem Leitungsstoff.

Einheit des Widerstandes ist das Ohm (Zeichen: 1 Ω), genannt nach dem deutschen Physiker Ohm.

7. Chemische Wirkung des elektrischen Stromes. Festsetzung der Einheit der Stromstärke

Angesäuertes Wasser wird durch den elektrischen Strom in Wasserstoff und Sauerstoff zerlegt.

Versuch mit dem Zersetzungsgerät nach Hahn-Koch (Abb. 58). Dieses besteht aus einem U-förmigen Rohr, in das unten zwei Platinbleche, die Elektroden, eingeschmolzen sind, und einem Rohr in der Mitte, das in eine Flasche hinabgeht. Beim Einschalten des Stromes (Spannung etwa 4 Volt) steigen an den Elektroden Gase auf, und zwar an der Kathode doppelt so viel wie an der Anode. Die Untersuchung mit einem glimmenden Span zeigt, daß an der Anode Sauerstoff, an der Kathode Wasserstoff entstanden ist. Die Zersetzung (Elektrolyse) des Wassers kann zur Strommessung benutzt werden. Denn der Strom von der Stärke 1 Ampere scheidet je Minute 10,44ccm Wasser- und Sauerstoff (das Gemisch von beiden heißt Knallgas) von 0° C und

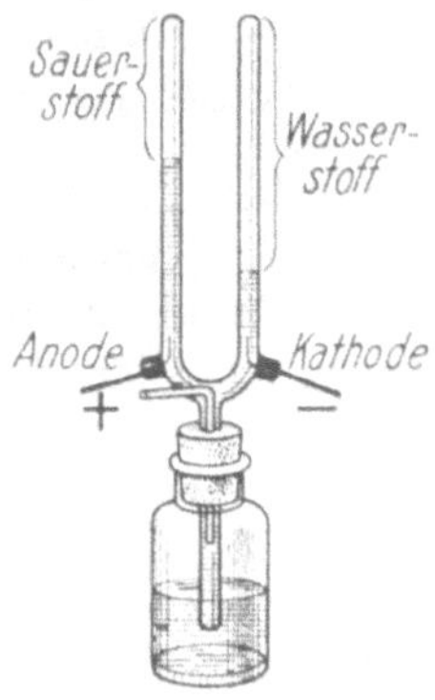

Abb. 58. Wasserzersetzungsapparat nach Hahn-Koch

760 mm Druck ab. In Versuch Abb. 55 wird das Wasser durch eine blaue Kupfervitriollösung ersetzt und durch diese ein Strom von 4 Volt geschickt. Nach 3—4 Minuten ist die Kathode mit einer glänzenden Kupferschicht überzogen. Bei Umkehrung des Stromes löst sich diese wieder auf und geht zum anderen Stift.

Metalle und Wasserstoff werden an der Kathode ausgeschieden. Anwendung der Elektrolyse a) zur Gewinnung reiner Metalle, b) zum Überziehen von Gegenständen mit einer feinen Metallschicht, c) zum genauen Nachbilden von Gegenständen.

Zur Messung der elektrischen Stromstärke dient laut Reichsgesetz die Abscheidung von Silber.

1 Ampere Stärke hat der Strom, der in 1 Sekunde aus einer Silbernitratlösung 1,118 mg Silber abscheidet.

Die Stromstärke von 0,001 A heißt ein Milliampere (1 mA).

8. Elemente und Sammler (Akkumulatoren)

a) Ein galvanisches Element[1]) entsteht, wenn man 2 verschiedene Leiter (Metalle oder Kohle) in eine leitende Flüssigkeit (z. B. verdünnte Schwefelsäure oder Salmiaklösung) taucht. Zwischen

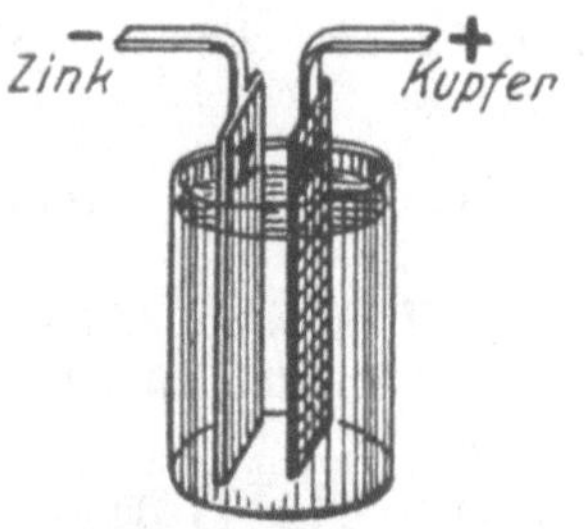

Abb. 59. Voltaelement

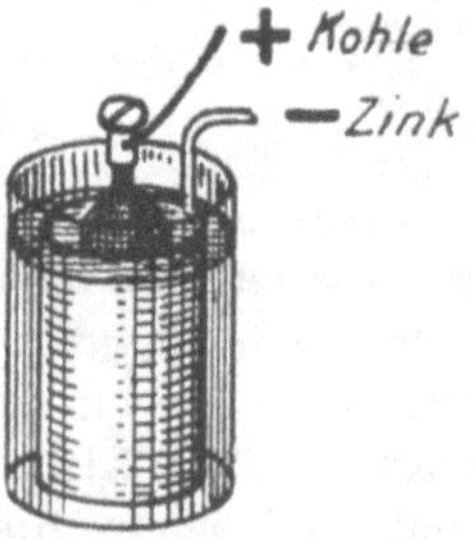

Abb. 60. Salmiakelement

den beiden Leitern zeigt sich ein wenn auch nur geringer Spannungsunterschied, der seine elektromotorische Kraft (EMK) bedingt. Der Zinkpol ist stets negativ. Benutzt man Kohle (Kupfer) und Zink und verbindet beide durch einen Draht, so fließt Strom von dem Pol höherer Spannung, der Kohle, durch die äußere Leitung (den Draht) zum Zink, dem Pol mit der niedrigeren Spannung. In der Flüssigkeit fließt der Strom vom Zink zur Kohle. Ein galvanisches Element kann nicht dauernd Strom liefern, da die EMK auf Grund chemischer Umsetzungen entsteht. Zink und Flüssigkeit müssen häufiger ersetzt werden.

[1]) Das „galvanische" Element ist eine der ältesten Stromquellen (Galvani, ital. Arzt und Physiker).

1. Das Volta-Element (Kupfer- und Zinkplatte in verdünnter Schwefelsäure) hat die Spannung 1 Volt (Abb. 59).

2. Das Salmiakelement (Kohle, umgeben von Beutel mit Braunstein, und ein Zinkstab), Spannung 1,4 Volt, vielfach noch für Feldfernsprecher benutzt (Abb. 60).

3. Das Trockenelement (Zinkzylinder, der die Gefäßwand bildet, in der Mitte ein Beutel mit Gemisch von Braunstein und Kohle, aus dem oben als Elektrode ein Kohlestab hervorragt). 1,3 Volt, weitgehend benutzt für Taschenlampen und Anodenbatterien.

b) Schaltung von Elementen (Zeichen: ▌|).

Eine Vereinigung von mehreren Elementen heißt Batterie.

1. Um höhere Spannungen zu erhalten, schaltet man mehrere Elemente hintereinander (in Serie oder Reihe). Dabei wird immer der positive Pol des ersten Elements mit dem negativen des zweiten usw. verbunden (Abb. 61a).

Abb. 61a. Reihenschaltung von Elementen
(4e bedeutet 4fache elektromotorische Kraft oder 4fache Spannung)

Anwendung: Bei der Taschenlampenbatterie, bei der 3 kleine Salmiakelemente hintereinander geschaltet sind (3 · 1,3 ∼ 4 Volt). Die bekannten Anodenbatterien ergeben so 100 bis 120 Volt. Zwei Zellen des Akkumulators ergeben, hintereinander geschaltet, 4 Volt Spannung.

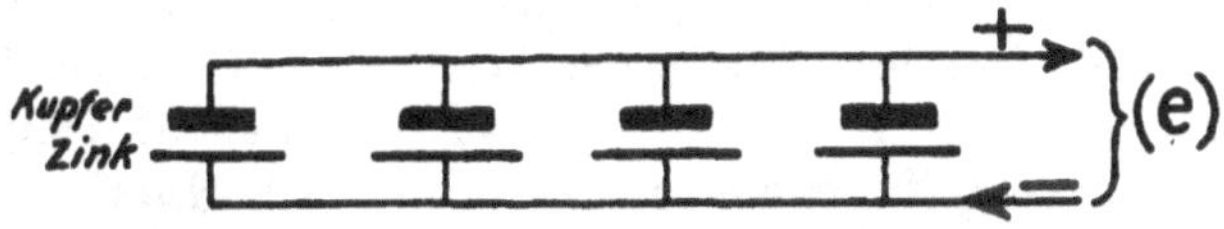

Abb. 61b. Parallelschaltung von Elementen

2. Parallelschaltung. Bei dieser werden sämtliche positiven und ebenso negativen Pole unter sich verbunden. Die elektromotorische Kraft der Batterie ist gleich der eines Elements (Abb. 61b).

n Elemente in Reihenschaltung haben die n-fache Spannung.

n Elemente in Parallelschaltung haben die einfache Spannung.

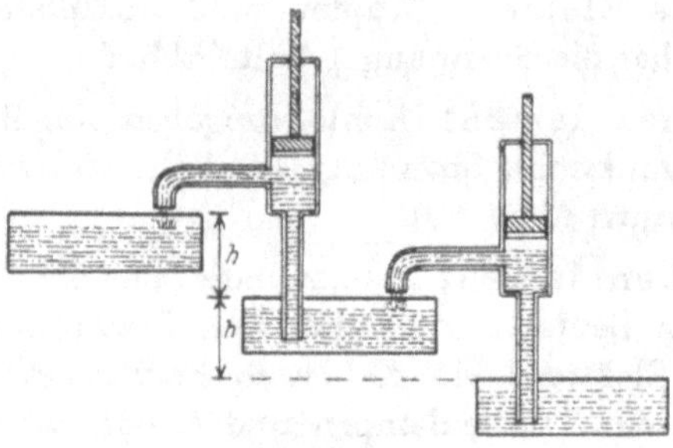

Abb. 61c. Zwei hintereinander geschaltete Pumpen bringen das Wasser auf die zweifache Höhe (zweifache Druckhöhe)

Bemerkung: Zwei hintereinander geschaltete Pumpen heben das Wasser doppelt so hoch wie eine (Abb. 61c), nebeneinanderwirkende Pumpen nur ebenso hoch wie eine (Abb. 61d).

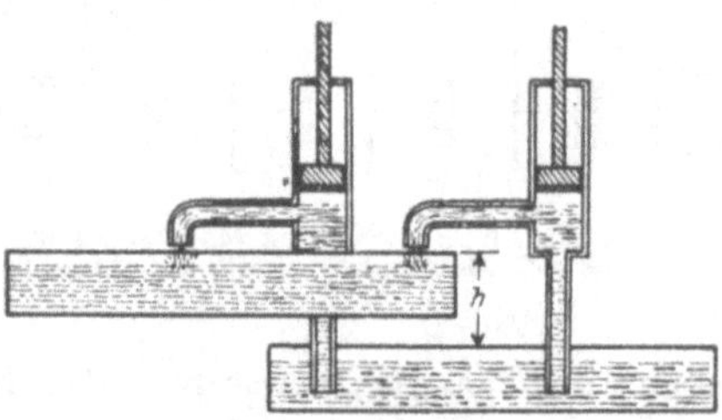

Abb. 61d. Zwei nebeneinandergeschaltete Pumpen bringen das Wasser auf einfache Höhe, allerdings die zweifache Menge

c) Der Sammler (Akkumulator). Versuch (Abb. 62). In stark verdünnte Schwefelsäure werden 2 Bleiplatten eingesetzt und über den Doppeltaster T (Stellung I) mit der Stromquelle E verbunden. Das Galvanometer G zeigt den durchfließenden Strom an (Gasentwicklung an den Bleiplatten!). Nach einiger Zeit wird E mit Hilfe von T (Stellung II) ausgeschaltet. Darauf zeigt das Galvanometer, obwohl der Stromkreis keine Stromquelle enthält, ebenfalls Strom an, der aber dem ursprünglichen Strom, dem „Ladestrom", entgegengesetzt ist. Die Bleiplatten sind polarisiert worden, die Anodenplatte hat einen braunen Überzug erhalten. Durch den Ladestrom wird die Schwefelsäure H_2SO_4 zersetzt, der Wasserstoff geht zur Kathode, dagegen SO_4 zur Anode, die an der Oberfläche in Bleisuperoxyd PbO_2 verwandelt wird. Die Zelle mit Bleiplatten wirkt wie ein Sammler oder Akkumulator[1]) (Abb. 63a). Bei der Entladung der Zelle fließt der Strom wie beim Element, und zwar vom Pluspol über die Leitung zum Minuspol und im Innern von diesem zu jenem.

Die Polarisation wird beim Sammler benutzt. Die Spannung einer Zelle beträgt 2 Volt. Beim Entladen darf diese nicht unter 1,8 Volt sinken. Durch Verwendung von Gitterplatten, die bereits vorher mit Bleioxyd bestrichen sind, wird die Fähigkeit des Sammlers zur Auf-

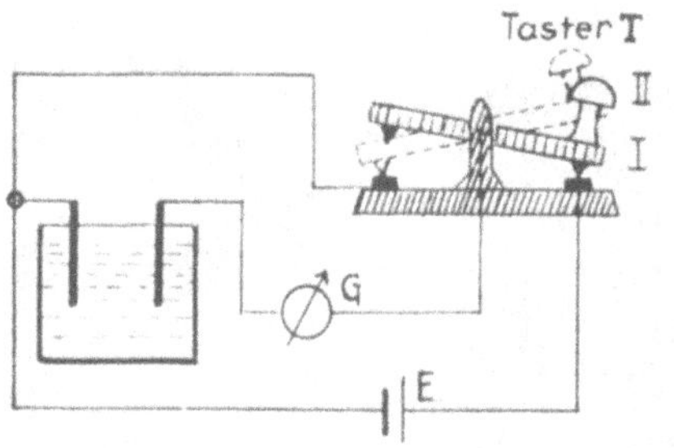

Abb. 62. Nachweis des Polarisationsstromes

Abb. 63a. Bleisammler

speicherung von Strom bedeutend erhöht. Weitgehende Anwendung in der Technik, zum Aufspeichern elektrischer Energie (auch beim Kraftfahrzeug, Flugzeug).

Ladung nur mit Gleichstrom. Dabei sind der Pluspol der Stromquelle und der des Sammlers, ebenso die Minuspole beider zu verbinden. Sobald sich starke Gasentwicklung zeigt, ist die Ladung beendet. Die auf 2,7 Volt gestiegene Spannung sinkt allmählich auf 2,1 Volt zurück. Bei der Ladung mit Wechselstrom ist ein sog. Gleichrichter einzuschalten. Der besprochene Sammler ist ein sog. „Bleisammler". Von großer Bedeutung sind heute die „Stahlsammler" (Abb. 63b) mit Nickel-Eisen-Zellen (I) oder Nickel-Cadmium-Zellen (II) mit positiven Röhrchen-Platten (verbesserte Edison-Sammler). Wirksame Massen sind bei beiden in den positiven Platten: Nickelhydroxydul geschichtet mit Nickelflocken, eingepreßt in Röhrchen aus fein gelochtem, vernickeltem Stahlblech, in den negativen Platten: bei (I) Nickelhydroxydul, bei (II) Cadmiumhydroxyd.

[1]) Vom accumulator (lat.) = Anhäufer.

Füllflüssigkeit: Kalilauge mit Zusatz von Lithiumhydroxyd, Artgewicht 1,2 bei 20° C.

Artgewicht der Lauge nach Ladung darf von 1,18 bis 1,20 bei 20° C schwanken. Ladung nur mit Gleichstrom. Dabei ist +-Pol

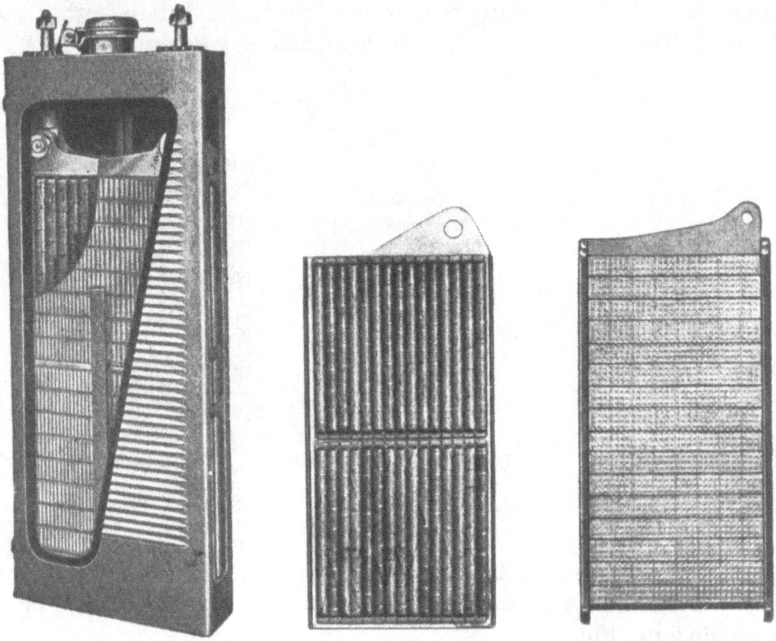

Stahlsammler Positive Platte Negative Platte

Abb. 63 b.

der Ladeleitung mit +-Pol der Batterie und —-Pol der ersten mit —-Pol der zweiten zu verbinden. Ladespannung je Zelle bei I 1,75, bei II 1,65 Volt.

9. Ohmsches Gesetz

a) Widerstand. In den Kreis einer Batterie wird ein Draht und ein Strommesser eingeschaltet. Wir lesen z. B. ab: 0,4 Ampere. Nach dem Ersetzen des Drahtes durch einen längeren oder kürzeren zeigt das Amperemeter 0,2 bzw. 0,6 Ampere. Der längere Draht setzt also dem Stromfluß größeren Widerstand entgegen. Entsprechende Versuche mit dickeren und dünneren Drähten und solchen aus verschiedenen Metallen.

Einheit des Widerstandes ist das Ohm (Ω), d. i. der Widerstand eines Quecksilberfadens von 106,3 cm Länge und 1 mm² Querschnitt bei 0°. (Reichsgesetz vom Juni 1898.)

1 m Eisendraht (Kupferdraht) von 1 mm² Querschnitt hat den Widerstand 0,1 Ω (0,017 $\Omega \sim {}^1/_{59}\ \Omega$).

Art- oder spezifischer Widerstand ϱ (lies rho) ist der Widerstand eines Drahtes einer Metallart oder anderen Stoffart von 1 m Länge und 1 mm² Querschnitt.

Nach den Betrachtungen in Abschnitt 6 besteht für den Widerstand eines 1 m langen Drahtes vom Querschnitt q die Formel:

$W = \varrho \cdot \frac{\text{Länge in m}}{\text{Querschnitt in mm}^2}\ \Omega$	in Zeichen: $W = \varrho \cdot \frac{1}{q}\ \Omega$

Beispiel: Für einen 240 m langen Aluminiumdraht ($\varrho = 0{,}03$; $q = 1{,}8\ \text{mm}^2$) ist $W = 0{,}03 \cdot \frac{240}{1.8} = 4\ \Omega$. Entsprechend den Gewichtssätzen der Waage hat man auch sog. Widerstandssätze in Ω zum Vergleichen der Widerstände hergestellt. Nach der Form werden Kurbel-, Stöpsel- und Schiebewiderstände unterschieden.

b) Ohmsches Gesetz[1]). Untersuche die Abhängigkeit der Stromstärke.

1. bei gleichem Widerstande von der Spannung mit Hilfe eines Sammlers, wenn nacheinander 1 Zelle (2 Volt), 2 Zellen, 3 Zellen hintereinander geschaltet werden,

2. bei gleicher Spannung (bei 2 Zellen hintereinander) vom Widerstand.

Es ergibt sich die einfache Beziehung zwischen der Stromstärke I, der Spannung U und dem Widerstand W

$\text{Stromstärke} = \frac{\text{Spannung}}{\text{Widerstand}}$	in Zeichen: $I = \frac{U}{W}$

Dabei bedeutet bei einer Leitung U die Klemmspannung und W den Widerstand der Leitung, bei einem geschlossenen Stromkreis U die elektromotorische Kraft (EMK) und W den inneren und äußeren Widerstand.

Beispiele:

1. Eine Glühlampe mit 880 Ω Widerstand werde an die Leitung (220 Volt Spannung) angelegt. Es geht $I = \frac{220}{880} = \frac{1}{4}$ Ampere hindurch.

[1]) Das Grundgesetz des elektrischen Stromes, veröffentlicht 1827 von dem deutschen Physiker Ohm.

2. Die Lichtanlage eines Kraftwagens oder Motorbootes wird durch einen Sammler mit 6 Zellen betrieben, also 12 Volt. Bei Einschaltung aller Lampen ist I = 6 Amp. Demnach Widerstand der Lichtanlage $\frac{12}{6} = 2\,\Omega$, davon entfallen auf die 6 Zellen $6 \cdot 0{,}1 = 0{,}6\,\Omega$ innerer Widerstand, also Widerstand der Leitung $1{,}4\,\Omega$.

c) Das Ohmsche Gesetz ermöglicht nunmehr auch eine Erklärung der Spannungseinheit.

1 Volt (V) = Spannung bei 1 A Stromstärke und 1 Ω Widerstand.

10. Strom- und Spannungsmesser (Ampere- und Voltmeter)

a) Das Amperemeter ist in den Hauptstromkreis einzuschalten, da es den durchgehenden Strom messen soll, und muß, um den Strom nicht zu schwächen, einen kleinen Widerstand haben. Zum Messen stärkerer Ströme muß ein Nebenwiderstand eingeschaltet werden.

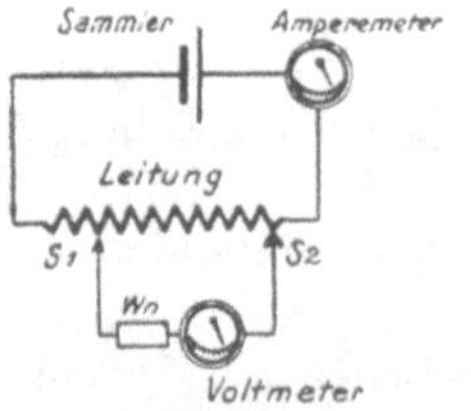

Abb. 64. Schaltung von Strom- und Spannungsmesser.

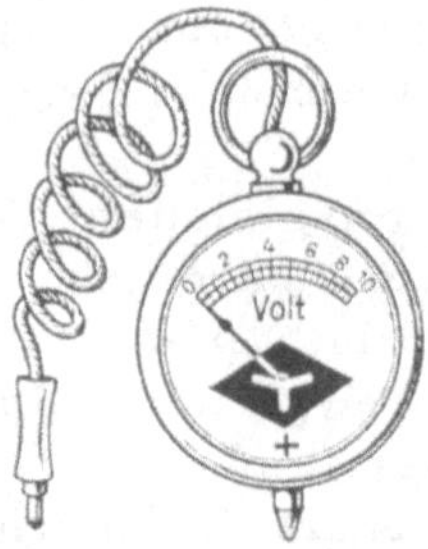

Abb. 65. Taschenspannungsmesser

b) Das Voltmeter liegt stets im Nebenschluß (Zweigleitung), Abb. 64. Es ist ein Strommesser mit großem Vorschaltwiderstand, z. B. $w_n = 1000\,\Omega$, damit nur ein kleiner Zweigstrom I_n hindurchfließen kann. Wird das Voltmeter an die Stellen S_1 und S_2 z. B. mit der Klemmspannung 6 V angeschaltet, so fließt nach dem Ohmschen Gesetz durch den Nebenschluß nur ein Strom von $I = \frac{6}{1000}\,A = 0{,}006\,A$. An Stelle der kleinen Amperezahlen werden die 1000mal so großen Zahlen, die die Volt bezeichnen, auf die Teilung geschrieben. Die Abb. 65 zeigt ein Taschenvoltmeter für rohe Messungen und kleine Spannungen.

11. Wärmewirkung. Stromleistung

a) Ein dünner Draht (Lamettafaden) wird zwischen zwei Standklemmen gespannt und in der Mitte ein kleines Gewicht angehängt. Wird ein Strom durch den Draht geleitet, so dehnt er sich aus. Bei stärkerem Strom wird er glühend und brennt bei genügend starkem Strom durch.

Der elektrische Strom erwärmt den Leiter. Das zeigt am besten die elektrische Glühlampe.

b) Anwendungen: bei Blei- und Silbersicherungen, die so eingerichtet sind, daß sie bei bestimmter Stromstärke durchschmelzen, um wertvollere Teile der Leitung vor Schaden zu behüten, ferner bei elektrischen Öfen und Sonnen, bei Warmwasserspeichern, die mit durch das Wasser gehendem Wechselstrom betrieben werden.

c) Stromleistung. Man schickt durch eine Spirale von bekanntem Widerstand, die man in eine abgewogene Wassermenge von bekannter Temperatur taucht, elektrischen Strom. Es ergibt sich, daß ein Strom von der Stärke 1 A und der Spannung 1 Volt an den Enden des Leiters in der Sekunde eine Wärmemenge von 0,24 cal erzeugt, d. h. der Strom ist imstande, Arbeit zu leisten. Das Produkt Volt · Ampere ist ein Maß für die Stromleistung.

Die Leistung eines Stromes von 1 A in einer Leitung, an deren Enden die Spannung von 1 Volt besteht, heißt 1 Watt (W).

Watt[1]) = Volt · Ampere

1 Kilowatt (kW) = 1000 W.

Der Stromverbrauch wird durch die Stromleistung während einer bestimmten Zeit gemessen.

Einheit der Stromarbeit ist die Kilowattstunde; Zeichen kWh[2]).

Beispiel:

Fünfundzwanzig 60-Watt-Lampen verbrauchen in 4 Std.: 25 · 60 · 4 Wattstunden = 6 k-Wattstunden, daher Kosten bei 20 Rpf. je k-Wattstunde RM 1,20.—

Die am meisten gebrauchten Lampen gehören zu der „Einheitsreihe“ 15, 25, 40, 60, 75 und 100 Watt.

12. Elektrische Beleuchtung

a) Glühlampen. Diese bestehen aus birnen- oder glockenförmigen Glasgefäßen, die innen einen festen Draht aus schwer schmelzbarem Metall (Wolfram, Tantal, „Wo-Tan-Lampe“) enthalten, der im Fuß

[1]) Genannt nach dem englischen Erfinder James Watt.
[2]) h = hora (lat.) = Stunde.

des Gefäßes eingeschmolzen und auf einem kleinen Glassockel befestigt ist. Stärke und Länge des Glühfadens sind so bemessen, daß er bei einer bestimmten Spannung (z. B. 220 Volt) in Weißglut versetzt wird. Kürzere Stücke glühen schon bei 4 Volt. Damit der Draht nicht verbrennt, ist die Birne entweder luftleer oder mit Stickstoff gefüllt. Das eine Ende des Glühdrahtes führt zu einer Platte am Fuße, das andere zu einem ringförmigen Gewinde aus Metall (Abb. 66). Mit diesem wird die Glühlampe in eine sog. Fassung eingeschraubt, so daß die Drahtenden mit den Polen der Leitung verbunden sind. Je höher die Temperatur des Glühfadens (Wolframdraht bis 3000°) gemacht werden kann, um so wirtschaftlicher ist die Lampe. Die Lichtstärke der Lampe wird heute durch den Wattverbrauch bezeichnet.

Zum bequemen Ein- und Ausschalten der Lampen dienen die Schalter, deren verschiedene Einrichtung bekannt ist.

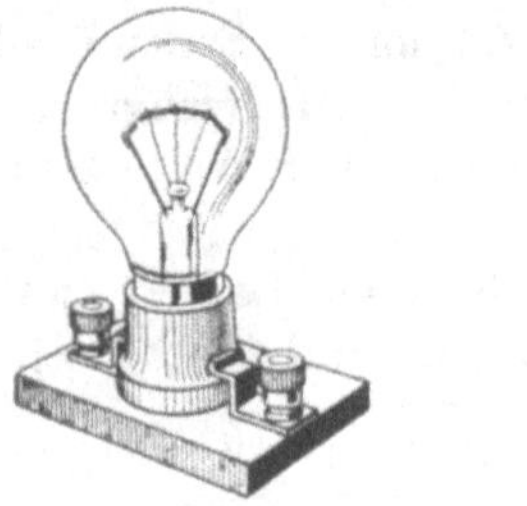

Abb. 66. Glühlampe mit Fassung

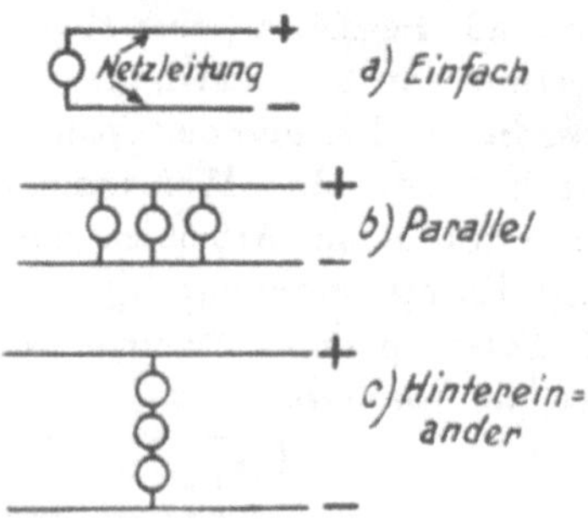

Abb. 67. Schaltungsarten

b) Schaltung von Glühlampen (Abb. 67a, b, c).

1. Einfache Schaltung.

2. Parallelschaltung. Die Lampen werden „parallel“ zwischen die Zuleitungsdrähte des Netzes angeschlossen. Jede Lampe muß eine besondere Schaltung haben.

3. Reihenschaltung. 3 Lampen sind hintereinander (in Reihe) geschaltet. Jede brennt nur mit einem Drittel der Spannung und leuchtet nur schwach. Was geschieht, wenn eine Lampe der Schaltung 2 oder 3 durchbrennt?

4. Wechselschaltung (Abb. 68). Sie ermöglicht es, eine Beleuchtung an z. B. 2 Stellen des Flures oder des Zimmers ein- oder auszuschalten.

Abb. 68. Wechselschaltung

Anwendung der Parallelschaltung bei der Gruppen- oder Stufenschaltung (Abb. 69). Sie gestattet, in denselben Räumen (z. B. Flugzeugkabinen) Wand- und Deckenbeleuchtung beliebig ein- und auszuschalten.

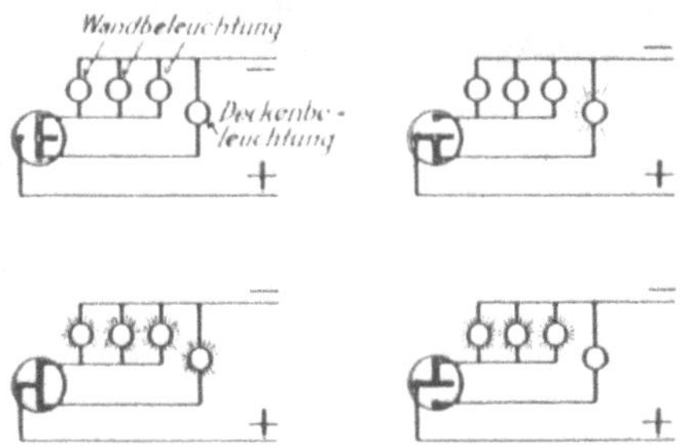

Abb. 69. Gruppen- oder Stufenschaltung

c) Das elektrische Bogenlicht.

Es entsteht, wenn man an die Netzleitung einen Widerstand und dahinter 2 Kohlenstäbe einschaltet, die sich zunächst mit den Spitzen berühren. Dann werden sie auf ungefähr 1 cm voneinander entfernt. Zwischen den Kohlespitzen entsteht alsbald der elektrische Flammenbogen, der mit dem Licht der weißglühenden Kohlespitzen das elektrische Bogenlicht bildet. Das meiste Licht strahlt (Abb. 70) von der positiven Kohlenspitze aus. Dort entsteht durch den Anprall der Elektronen ein tiefer Krater[1]). Dadurch vergrößert sich ständig der Abstand der Kohlespitzen voneinander; er muß durch eine selbsttätige Vorrichtung reguliert werden.

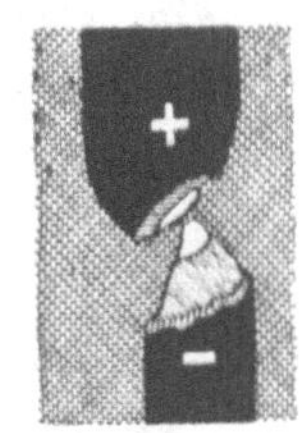

Abb. 70. Elektriches Bogenlicht

Die Temperatur des Lichtbogens ist etwa 4000°, die höchste bis jetzt auf der Erde erreichte Temperatur.

Anwendung zur Verflüssigung schwer schmelzbarer Metalle, bei Lichtbildwerfern und bei Scheinwerfern.

13. Magnetfeld des Stromes

Ein von einem Strom durchflossener Leiter erzeugt ein magnetisches Kraftfeld.

Nachweis: Führe einen Draht durch ein waagerecht befestigtes glattes dünnes Pappstück hindurch (Abb. 71) und schütte trockene Eisenfeilspäne darauf. Schicke durch den Draht einen kräftigen Strom (etwa 15 A) hindurch. Nach sanftem Klopfen ordnen sich die Eisenfeilspäne in konzentrischen Kreisen um den Draht. Die Richtung der

[1]) Das trifft nur zu, wenn die Lampe mit Gleichstrom betrieben wird.

Kraftlinien wird von kleinen Magneten angezeigt, die sich senkrecht zum Draht stellen. Die Richtung der Kraftlinien bestimmt man mit der sog. **Korkzieherregel: Dreht man einen in der Richtung des Stromes gehaltenen Korkzieher, so bezeichnet sein Drehsinn die Richtung der magnetischen Kraftlinien.** (Darstellung mit der rechten Faust.)

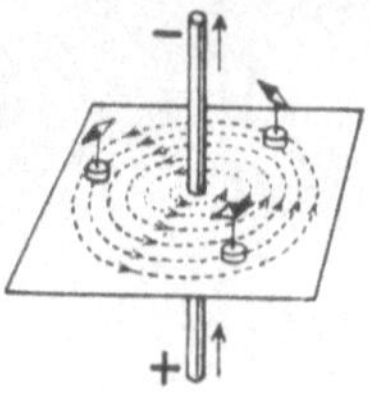

Abb. 71. Kraftfeld eines geradlinigen Leiters

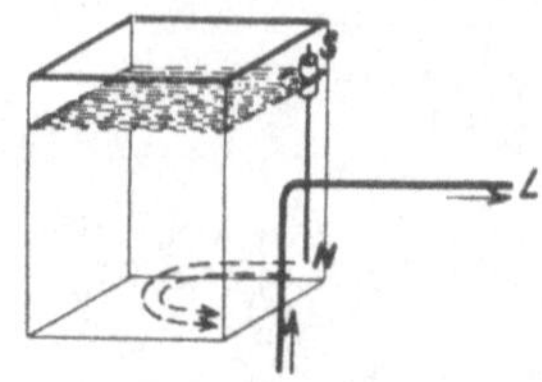

Abb. 71a. Der Nordpol wird in einer Kreislinie um die Leitung herumgetrieben

Der Versuch Abb. 71a zeigt, daß in der Tat der Nordpol in Kreisbahnen um die Leitung herumgetrieben wird. Der Leiter geht erst lotrecht bis zur halben Höhe der Stricknadel und wird dann rechtwinklig abgebogen (Grund?).

Eine stromdurchflossene Drahtschleife verhält sich wie eine flache magnetische Scheibe. Feststellung mit einer Magnetnadel. Der Nordpol ergibt sich einfach durch die Rechtehandregel.

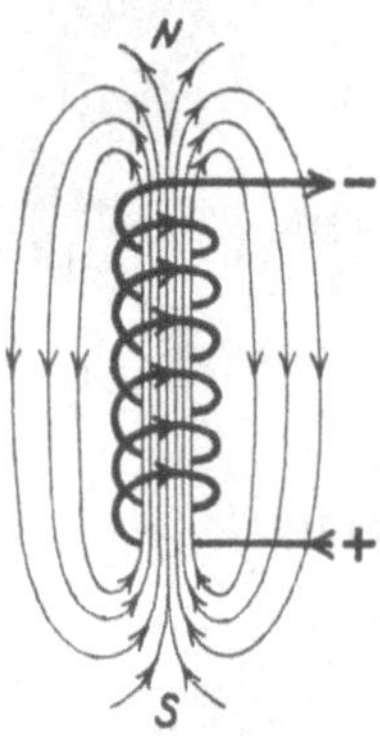

Abb. 72. Magnetisches Feld einer Stromspule

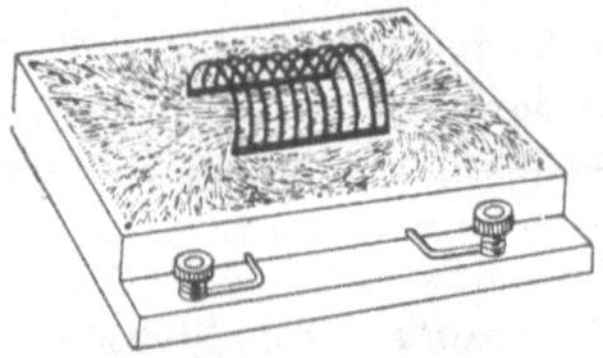
Abb. 72a. Magnetisches Kraftfeld einer stromdurchflossenen Spule

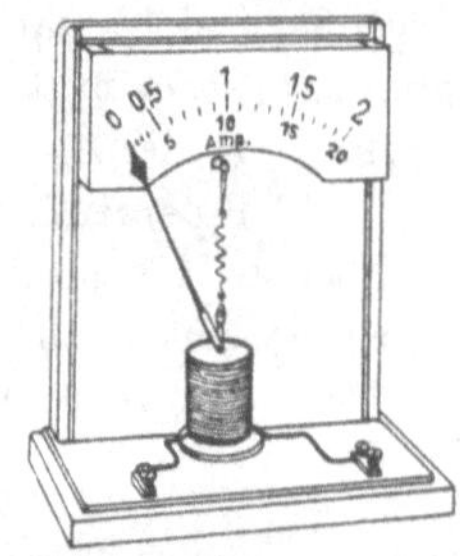

Abb. 73. Federamperemeter. Meßbereich 0,2—2 Ampere, mit Nebenschluß bis 20 Amp.

Wird der Leiter wendeltreppenartig (Abb. 72) zu einer Spirale gewickelt, so wird die magnetische Wirkung bedeutend verstärkt. Die stromdurchflossene Spule wirkt wie ein Stabmagnet. Nachweis mit der Magnetnadel; Herstellung eines Kraftlinienbildes mit Eisenfeilspänen (Abb. 72a).

Ein an einer Feder oder Gummifaden über der Spule aufgehängter Stab aus weichem Eisen wird bei Stromschluß in die Spule hineingezogen. Anwendung beim Federamperemeter (Abb. 73).

14. Elektromagnet. Anwendung im Nachrichtenwesen

a) Ein in eine Spule gesteckter Stab aus weichem Eisen verstärkt die Wirkung des Feldes (Nachweis mit Eisenfeilspänen). Er wird ein sog. Elektromagnet. Bei Öffnung des Stromes fallen die Feilspäne ab. Eine Stricknadel, die in eine solche Spule eingeführt ist, behält ihren Magnetismus.

Stahl wird in einer stromdurchflossenen Spule ein Dauermagnet.

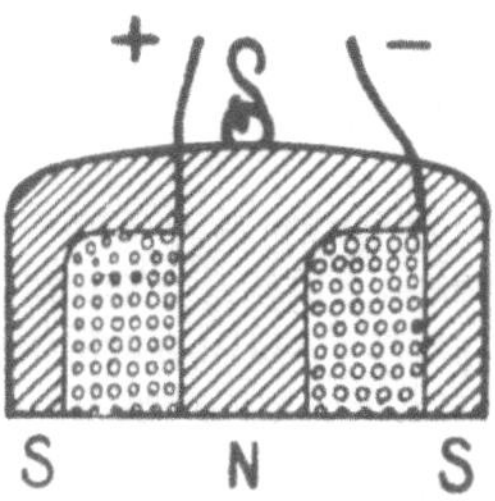

Abb. 74. Glockenmagnet

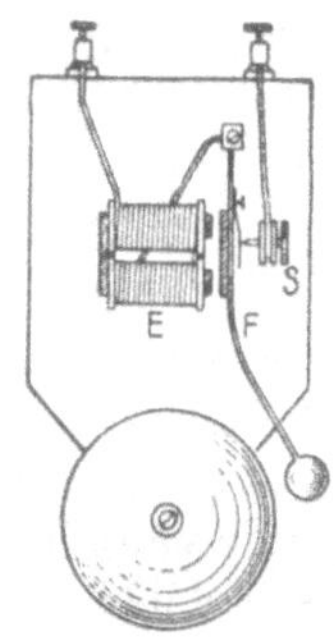

Abb. 75. Elektrische Klingel

b) Anwendungen in Technik, Betrieb und Haushalt, z. B. beim Glockenmagneten (Abb. 74) zum Heben von alten Eisenstücken (Schrott), bei Meßgeräten (Federamperemeter Abb. 73), dem Fernschreiber oder -sprecher, bei der elektrischen Klingel, bei Betätigung von Signalen und Läutewerken, Relais[1]) (Auslösungsvorrichtung für Vorspann- oder Hilfsbatterien), bei Bogenlampen für Gleichstrom (Regelung des Kohlespitzenabstandes) usw.

c) Die elektrische Klingel (Abb. 75) umfaßt 3 Hauptteile: 1. den Elektromagneten E, 2. den Hammer mit der um einen Stift schwingenden Feder F, die an einer Stellschraube S anliegt und am Ende einen Klöppel gegenüber der Glocke trägt, 3. die Leitung mit Stromquelle und Drücker.

Wird der Strom durch den Drücker geschlossen, so wird E elektromagnetisch und dadurch der Hammer angezogen und die Glocke vom Klöppel angeschlagen. Dabei wird der Strom an der Spitze des Stell-

[1]) Von relais (frz.) = Vorspann.

stiftes unterbrochen, und der Hammer schnellt zurück, wodurch der Strom wieder geschlossen wird usw. Fehlt Glocke und Klöppel, so hat man ein weniger lautes Rufzeichen, den Summer.

d) Der Fernschreiber nach Morse umfaßt folgende Hauptteile: Sender, Empfänger und Leitung (Abb. 76). Der Sender ist ein sog. Taster, d. i. ein Metallhebel, der beim Niederdrücken den Strom schließt. Der Empfänger ist ein sog. Morseschreiber und

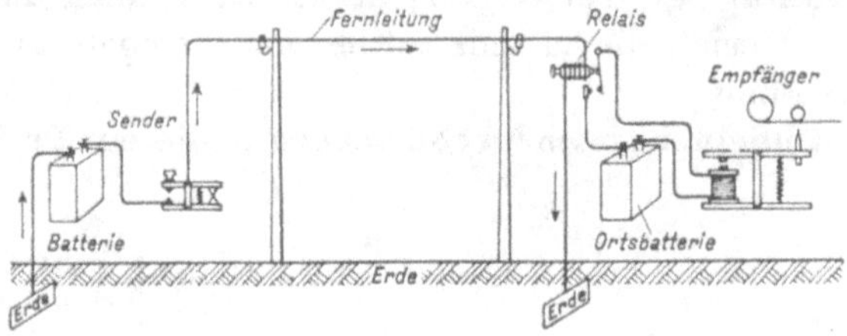

Abb. 76. Fernschreiber nach Morse

besteht aus einem Elektromagneten, der bei Stromschluß einen Anker anzieht und dadurch mit einem Stift (Punkte oder Striche) je nach der Betätigung des Tasters auf eine durch ein Uhrwerk betätigte Papierrolle schreibt. Aus Punkten und Strichen ist das bekannte Morsealphabet gebildet.

a • —	h • • • •	o — — —	u • • —
b — • • •	i • •	p • — — •	v • • • —
c — • — •	k — • —	q — — • —	w • — —
d — • •	l • — • •	r • — •	x — • • —
e •	m — —	s • • •	y — • — —
f • • — •	n — •	t —	z — — • •
g — — •			

Die Leitung braucht nur einfach zu sein, da zur Rückleitung die Erde dient. Die Anordnung Abb. 76 enthält ein Relais. Das ist eine Vorrichtung, die eine Hilfs- oder Vorspannbatterie auf der Empfangsstation einschaltet und hier aus einem Elektromagneten, drehbarer Feder und Stift besteht. Sie ermöglicht es, über große Strecken zu telegraphieren. Der Typendrucker von Hughes macht die Morsezeichen überflüssig und gibt dem Empfänger die Nachricht unmittelbar in Druckschrift. Die Fernschreibmaschine gibt den in üblicher Weise geschriebenen Text sofort auf der Empfangsstation wieder.

e) Der Fernsprecher in seiner ersten Form (Abb. 77) besteht aus einem Dauerstabmagneten M, der über einem Pol P eine Spule S mit Drahtverbindung zur Leitung trägt, und aus einer dünnen, kreisförmigen Eisenmembran, die an den Rändern gegenüber dem Pol P eingespannt ist. Auf der Gebe- und Empfangsstation befindet sich je ein solches Telefon. Beim Sprechen z. B. mit einer Station I wird durch die Schallwellen die Eisenmembran in stärkere und schwächere Schwingungen versetzt. Beim Einwärtsbewegen der Membran auf I wird die Zahl der Kraftlinien der zugehörigen Spule vermehrt,

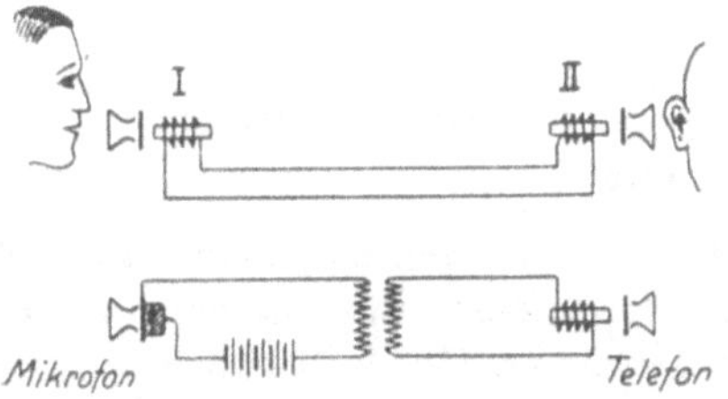

Abb. 77. Schema von Fernsprechanlagen

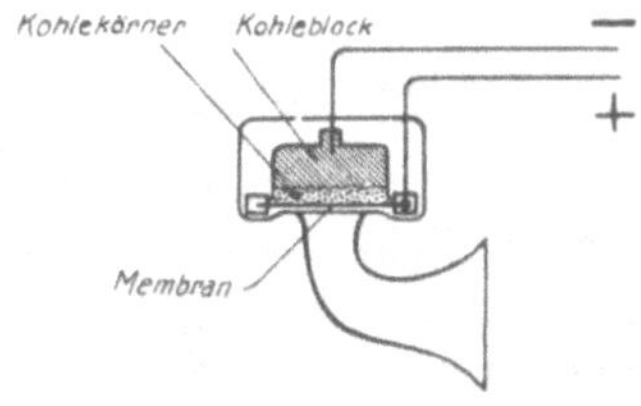

Abb. 78. Mikrofon in schematischer Darstellung

und der hierdurch erzeugte Induktionsstrom wird durch die Leitung nach Station II fortgepflanzt. Dort verstärkt er im Empfänger, falls dieser den gleichen Aufbau wie der Sender hat, den Magneten, der die Eisenmembran einwärts zieht. Ebenso bringt eine Auswärtsbewegung der Membran in I eine solche in II hervor. Die Schallschwingungen bei I wirken mechanisch auf die Eisenmembran und rufen mit ihrer Hilfe auf elektrischem Wege entsprechende Schwingungen der Eisenmembran auf II hervor. Dadurch wird die umgebende Luft in die gleichen Schwingungen versetzt wie beim Hineinsprechen, die als Schall wahrgenommen werden.

Heute sind Hörer und Sprecher verschieden im Aufbau und zur Bequemlichkeit in einem handlichen Gerät vereinigt.

Der Hörer hatte anfangs statt des Stabmagneten einen Hufeisenmagneten erhalten, der neuerdings durch einen Ringmagneten ersetzt ist.

Der Sprecher ist heute ein sog. Kohlengrießmikrofon, d. i. eine Dose, die zwischen einer dünnen Kohlenplatte, der Membran, und einem Kohlenblock Kohlenkörner enthält (Abb. 78). Diese liegen zwischen den ringförmigen Rillen des Blockes und der Membran und bilden zahlreiche Kontakte. Beim Sprechen gegen die Kohlenmembran werden die Kohlenkörner erschüttert und lassen bald mehr, bald weniger Strom durch. Das Mikrofon wirkt als veränderlicher Widerstand und ruft im Hörer Stromstöße hervor, die den Sprechschwingungen entsprechen.

Der Feldfernsprecher besteht aus einem Kasten mit Handapparat (Mikrofon, Fernhörer und Lauthörknopf), Batterie, Wecker, Klemmen La (Leitung a) und Lb/E (Leitung b oder Erde) usw. Die Verbindung der Stationen soll möglichst durch Doppelleitung (die beiden Kabelleitungen a und b weit voneinander verlegen!) erfolgen, um das Abhören durch den Feind zu erschweren. Bei Einfachleitung erfolgt die Rückleitung durch die Erde. Der Erdstecker gewährt nur an feuchter Stelle einen guten Kontakt.

15. Bewegung eines Stromträgers im Magnetfeld Elektromotor

a) Zwischen den Polen eines starken Hufeisenmagneten (Abb. 79) wird ein starker Kupferdraht aufgehängt. Beim Einschalten des Stromes bewegt sich der Stromträger nach links. Wird die Stromrichtung umgekehrt, so bewegt sich der Stromträger nach rechts.

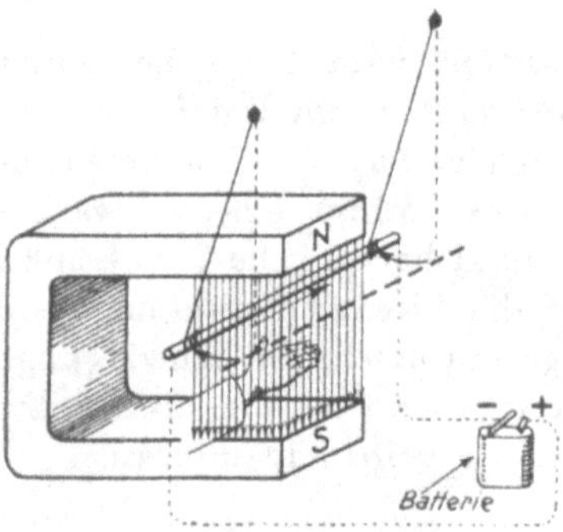

Abb. 79. Der Stromträger wird aus dem Magnetfeld herausgedrängt

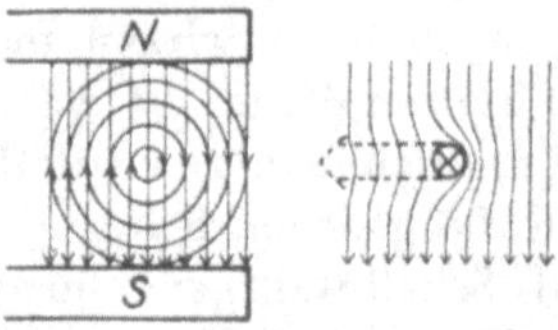

Abb. 79a. Links wird das Kraftfeld geschwächt, rechts verstärkt. Der Stromträger wird nach links aus dem Kraftfeld getrieben

Ein Stromträger im Magnetfeld wird senkrecht zu den Feldlinien fortbewegt.

Erklärung (Abb. 79a): Rechts verstärken sich die Feldlinien von Magnet und Strom, links heben sie sich teilweise auf. Da sie wie gespannte Gummibänder den kürzesten Weg von Pol zu Pol erstreben, wird der Stromträger nach links getrieben. Die Bewegungsrichtung ergibt sich aus der Rechtehandregel für die Bewegung des Leiters (Außenfläche!):

Hält man die Fingerspitzen der rechten Hand in der Richtung des Stromes und die Außenfläche in die Gegenrichtung der Feld-

linien, so gibt der ausgestreckte Daumen die Bewegungsrichtung des Stromträgers an.

b) Elektromotor.

Aufbau. Um die Bewegung des Stromträgers technisch verwertbar zu machen, muß sie in eine drehende Bewegung verwandelt werden, wie es in der schematischen Abb. 80 geschehen ist. Der Strom tritt durch die Klemme K_1 links ein, geht durch die Schleiffeder F_1 und Lamelle L_1 zur Stromschleife und zurück zur Lamelle L_2 und Schleiffeder F_2. Erkläre die Bewegung der Stromschleife nach der Rechtehandregel, ebenso unter Betrachtung der Stromschleife als Spule. Als Läufer (Rotor) oder Anker benutzt man heute den in Abb. 81 dargestellten Trommelanker. Anwendung.

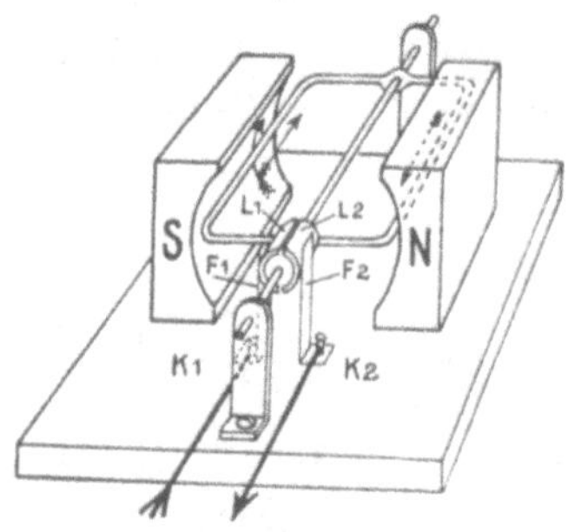

Abb. 80. Prinzip des Elektromotors

Merke: Stärkere Motoren dürfen nicht plötzlich mit dem Leitungsnetz verbunden werden, da die Ankerwicklungen durchbrennen

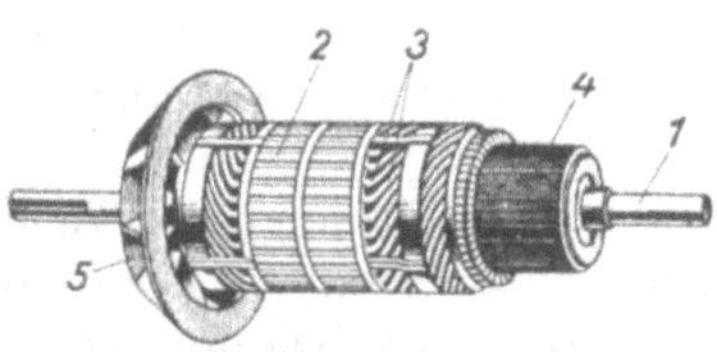

Abb. 81. Trommelanker eines Gleichstrommotors
1 Achse; 2 Ankerkörper; 3 Wicklung;
4 Kommutator; 5 Ventilator

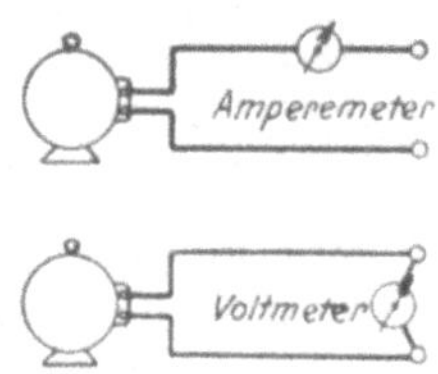

Abb. 82. Schaltung von Strom- und Spannungsmesser beim Motor

würden. Die Einschaltung geschieht mit Hilfe eines „Anlassers" langsam über eine Reihe von ausschaltbaren Widerständen[1]). Das Ausschalten dagegen ist schnell auszuführen. Abb. 82 zeigt die Schaltung von Strom- und Spannungsmesser beim Motor.

16. Induzierter Strom

a) Grundversuch. Man hängt im Kraftfeld eines starken Hufeisen- oder Elektromagneten (Abb. 83) einen Kupferdraht auf und verbindet seine Enden mit einem empfindlichen Galvanometer. Wird

[1]) Denn würde man den noch keine mechanische Energie leistenden Motor sofort an die Netzspannung von 220 Volt anlegen, so würde bei einem Widerstand von 0,2 Ω des Trommelankers in diesem ein Strom von $\frac{220}{0.2}$ = 1100 A entstehen. Die Drähte des Motors würden schmelzen.

das Drahtstück nach rechts bewegt, so wird in ihm ein Strom in der Richtung nach hinten ($L_1 \rightarrow L_2$) hervorgerufen oder induziert. Bei der Bewegung nach links wird der entgegengesetzte Strom induziert. Beim Hin- und Herbewegen entsteht also ein Wechselstrom.

Schneidet ein bewegter Leiter magnetische Kraftlinien, so wird im Leiter ein Strom (eine elektrische Spannung) induziert.

Rechtehandregel (Innenfläche: Induktion) für die Bestimmung der Richtung des induzierten Stromes:

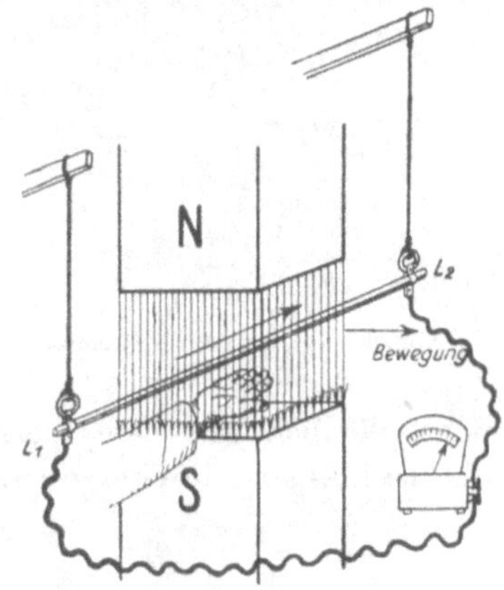

Abb. 83. Erzeugung von Strom durch Schnitt magnetischer Feldlinien

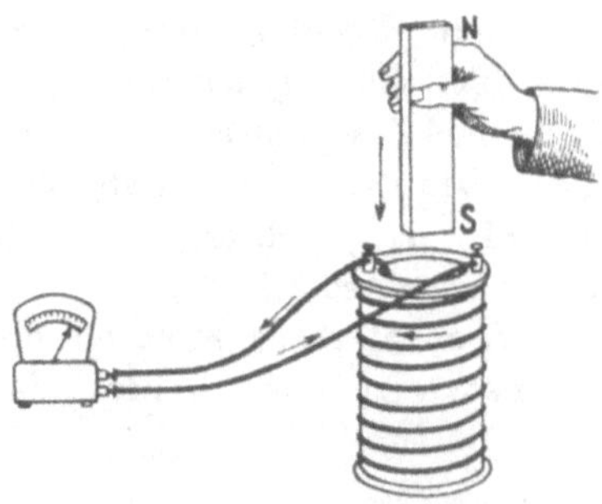

Abb. 84. Bewegter Magnet

Hält man die ausgestreckte rechte Hand mit der Innenfläche so gegen die Richtung der magnetischen Kraftlinien, daß der Daumen die Bewegungsrichtung des Leiters angibt, so geben die Finger die Richtung des Induktionsstromes an.

Die gleiche Wirkung ergibt sich, wenn bei ruhendem Leiter der Magnet bewegt wird.

Die Gewinnung von elektrischem Strom durch Bewegung von Leitern im magnetischen Kraftfelde bildet die Grundlage für die Erzeugung von Elektrizität im großen durch die elektrischen Maschinen.

b) Biegt man einen Draht zu ein oder zwei oder mehreren Windungen zusammen und stößt einen Magneten hinein, so erhöht sich die an den Enden entstehende Spannung mit der Zahl der Windungen. Beim Herausziehen des Stabes entsteht ein Strom in entgegengesetzter Richtung. Erhebliche Spannungen ergeben sich bei einer Spule, die ja eine Vereinigung einer großen Zahl von Windungen darstellt (Abb. 84).

c) Elektroinduktion. Besonders hohe Spannungen erzielen wir, wenn wir das magnetische Feld durch einen elektrischen Strom erzeugen und zwei Spulen benutzen. Die stromführende Spule I (Abb. 85) heißt die Primärspule (ihr Strom Primärstrom), die Spule II die Sekundärspule (der induzierte Strom Sekundärstrom). Spule I aus dickem Draht und wenig Windungen hat einen Kern aus weichem Eisen, Spule II hat viele sehr dünne Windungen.

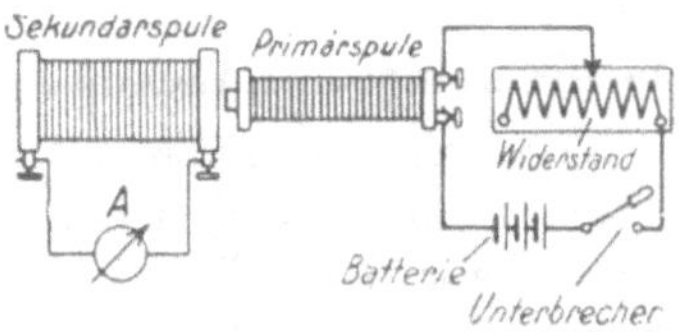

Abb. 85.

Versuche:

Schiebe erst II über I und dann wieder zurück. Beobachtung: Ströme im entgegengesetzten Sinne.

Schließe erst den Strom und dann öffne ihn. Beobachtung: 2 Stromstöße von entgegengesetzter Richtung.

Verstärke erst den Strom in I, dann schwäche ihn mit Hilfe des Widerstandes.

Ergebnis:

Beim Nähern, Schließen oder Verstärken des Primärstromes entsteht ein Sekundärstrom von entgegengesetzter Richtung, beim Entfernen, Öffnen und Schwächen ein Sekundärstrom von gleicher Richtung.

d) Wirbelströme (Foucaultsche Ströme). In dem leitenden Eisenkern der Primärspule entstehen beim Schließen und Öffnen des Stromkreises Ströme, die dem entstehenden oder verschwindenden Strom entgegengerichtet sind. Die Bildung dieser Wirbelströme wird verhindert, wenn man den Eisenkern aus dünnen, zur Isolierung gefirnißten Eisenstäben bildet. Zwischen die Pole eines kräftigen Elektromagneten hängen wir eine kleine Kupferscheibe an einem Faden auf, drillen diesen und lassen ihn dann frei. Beim Erregen des Elektromagneten kommt die Scheibe durch die im Kupfer entstehenden Wirbelströme schnell zur Ruhe. Anwendung der Kupferdämpfung bei der Bussole des Richtkreises, ferner beim Galvanometer.

17. Selbstinduktion. Funkeninduktor

a) Wird eine Spule in einen Stromkreis eingeschaltet, so induziert beim Schließen des Stromes das entstehende magnetische Kraftfeld in den benachbarten Windungen einen Strom im Gegensinn zu dem entstehenden Strome, dagegen beim Unterbrechen des Stromes in den Nachbarwindungen einen diesem gleichgerichteten

Strom, der den Abfall des Primärstroms verzögert. Es entsteht ein Öffnungsfunke (kein Funke beim Schließen!).

Die Induktion eines veränderlichen Stromes auf die eigne Leitung heißt Selbstinduktion.

Nachweis durch Versuch Abb. 86. Die Stromquelle ist so zu wählen, daß die Lampe gerade eben nicht leuchtet. Beim Unterbrechen leuchtet die Lampe auf. Elektrisieren an der elektrischen Klingel.

b) Wird eine Spule mit zahlreichen Windungen in sehr schneller Folge unterbrochen, so kann der Primärstrom den induzierten Gegenstrom beim Schließen nicht überwinden. Eine solche Spule mit großer Selbstinduktion stellt daher einen großen Widerstand für einen Wechselstrom dar und heißt daher Drosselspule.

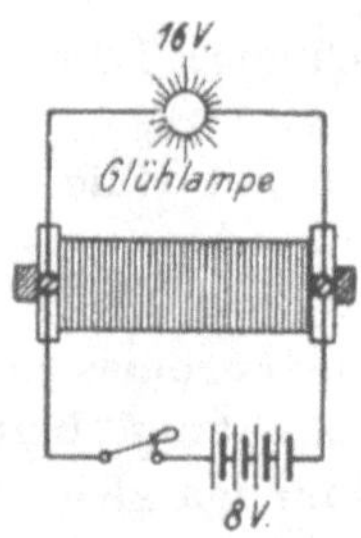

Abb. 86. Nachweis der Selbstinduktion

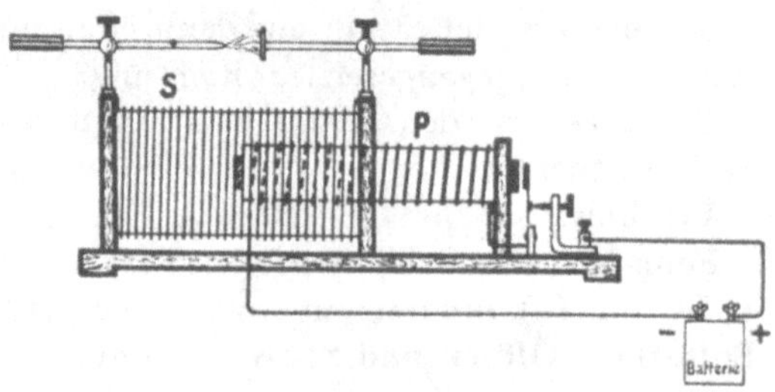

Abb. 87. Funkeninduktor

c) Der Funkeninduktor (Abb. 87) besteht aus der Primärspule P, über die die Sekundärspule S geschoben ist, und einem Unterbrecher, hier dem Wagnerschen Hammer. Durch die Primärspule schickt man aus einem Sammler den Strom, der mit Hilfe des Wagnerschen Hammers rasch geschlossen und unterbrochen wird. In der Sekundärspule entstehen so hohe Spannungen (20000 bis 200000 Volt), daß zwischen den verschiebbaren Elektroden Funkenentladungen von großer Schlagweite (20 bis 30 cm) entstehen. Die Induktionsspannungen in S sind beim Unterbrechen des Primärstromes bedeutend höher als beim Schließen. (Der Induktor gibt daher hauptsächlich Stromstöße einer Richtung.)

18. Erzeugung und Fortleitung der elektrischen Energie

Elektrische Energie kann nicht gewonnen werden. Es handelt sich nur darum, mechanische Energie oder Wärme in elektrische Energie umzuwandeln. Man unterscheidet bei jeder elektrischen Maschine

den feststehenden Teil oder Ständer (Stator)
und
den beweglichen Teil oder Läufer (Rotor).

a) Gleichstrom-Generator (Dynamomaschine).

Die Anordnung in Abb. 80 zeigt auch das Schema für den Gleichstromgenerator. Nur ist statt der Stromquelle an die Schleifbürsten ein empfindliches Galvanometer anzuschalten. Die Enden der Drahtschleife führen zu den beiden auf der Welle sitzenden Hälften des geteilten Schleifrings, die gegeneinander isoliert sind. Ein derartiger Schleifring heißt Stromwender oder Kommutator. Beim Motor wurde durch Einführung von Strom in die Drahtschleife (bzw. den Anker) Bewegung erzeugt. Beim Generator geschieht das Umgekehrte:

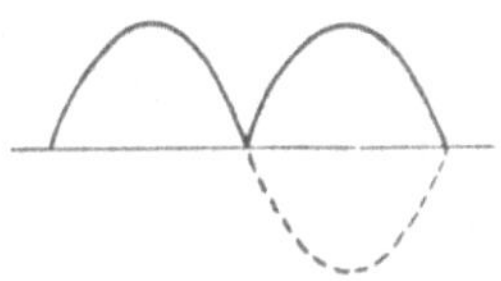

Abb. 88. Bei einer Schleife: welliger Gleichstrom

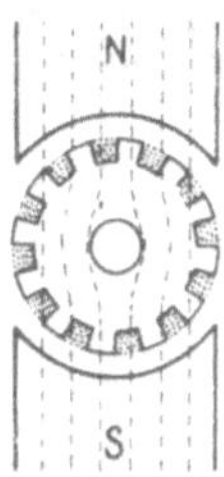

Abb. 89. Größere Wirkung durch zylindrische Ausbildung der Pole und Verlegung der Schleifen in Nuten

Durch Bewegung wird Strom erzeugt. Wird dabei die Drahtschleife in Abb. 80 im Sinne des Pfeiles gedreht, so entsteht ein Induktionsstrom, der entgegen der Richtung der beigesetzten Pfeile läuft. In dem Augenblick, in dem die Drahtschleife lotrecht steht, werden keine Kraftlinien geschnitten. Es entsteht dann kein Strom. Wird sie nun weiter gedreht, so entsteht in ihr ein Strom von entgegengesetzter Richtung. In dem gleichen Augenblick wird durch den Stromwender der Strom an den Schleifbürsten umgekehrt, so daß der Strom von den Schleifbürsten durch die Außenleitung in der gleichen Richtung fließt. Der erhaltene Gleichstrom zeigt die aus Abb. 88 ersichtlichen Schwankungen. Um einen möglichst gleichmäßigen und starken Strom zu erhalten, benutzt man einen Anker mit zahlreichen Drahtwindungen (Trommelanker Abb. 81) und gibt den Polschuhen zum besseren Magnetfluß eine fast geschlossene zylindrische Form(Abb. 89).

Hauptteile eines Gleichstrom-Generators sind: Feldmagnet, Anker, Kollektor (Stromabnehmer) und Schleifbürsten.

Das *Prinzip der gegenseitigen Verstärkung* von elektrischer und magnetischer Energie wurde von W. v. *Siemens* (1867) zuerst erkannt und benutzt. Er benutzte statt Stahlmagneten Elektromagnete aus weichem Eisen, das stets einen geringen Rest von Magnetismus behält. Nach dem Anlassen der Maschine verstärken sich Strom und Feld gegenseitig, bis dieses seine größte Stärke erreicht hat. Anwendung beim *Maschinensatz des Scheinwerfers.*

b) Wechselstrom-Generator.

1. Er hat im Gegensatz zum Gleichstrom-Generator *zwei isolierte Schleifringe*, auf denen je eine Bürste schleift. Der Grundgedanke ist aus der schematischen Abb. 90 ersichtlich. Wird die Schleife im Uhrzeigersinn herumgedreht, so gibt der Zeiger des Spannungsmessers bei der Anfangsstellung der Schleife a) keine Spannung an (Abb. 91), in der Nähe der Stellung b) werden die meisten Kraftlinien geschnitten,

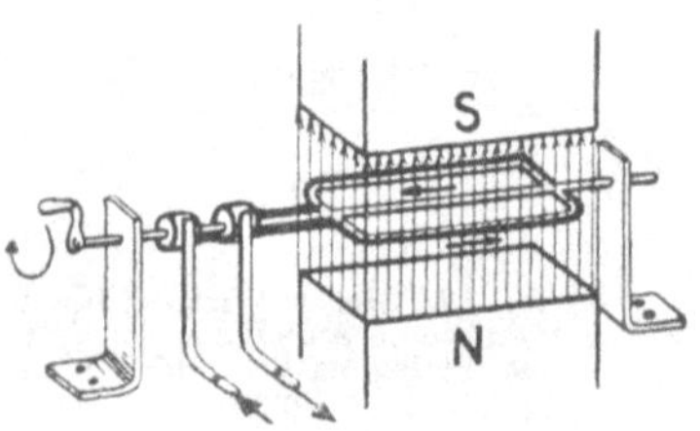

Abb. 90.
Prinzip des Wechselstrom-Generators

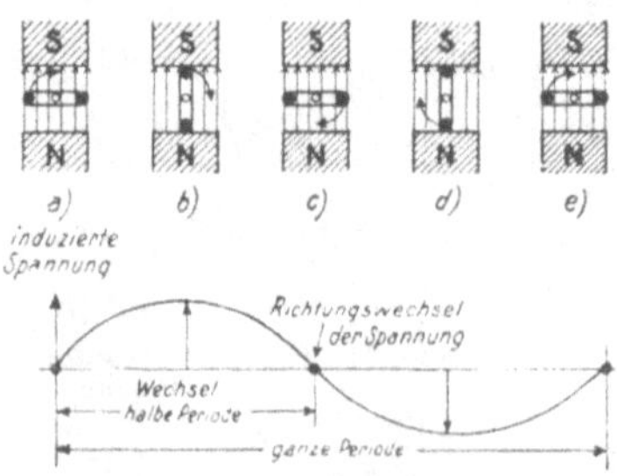

Abb. 91. Spannungswerte bei einer Umdrehung der Schleife

der Ausschlag am Spannungsmesser ist am größten. Von Stellung b) nach c) nimmt die Spannung ab. Von der Stellung c) nach d) kehrt sich in der Schleife die Stromrichtung um (Rechtehandregel!). Die Spannungswerte sind in der Abb. 91 für eine Umdrehung dargestellt.

In der Technik benutzt man Wechselströme mit 100 Polwechseln je Sekunde, d. h. jede Bürste wird in jeder Sekunde 50 mal Plus- und Minuspol. Die Drahtschleife muß dazu 50 volle Umdrehungen je Sekunde machen und erzeugt dabei einen Wechselstrom von 50 Perioden.

Um starke Ströme zu erzeugen, benutzt man z. B. Anker mit zahlreichen Drahtspulen, Sternanker, die vor einer Reihe von Nord- und Südpolen des Ständers vorbeilaufen. Die Pole des Feldmagneten am Ständer werden mit Gleichstrom erregt. Die Zersetzung von Wasser ist durch Wechselstrom nicht möglich. Es wird nur erhitzt (Warmwasserspeicher). Anwendung beim Induktor des Feldfernsprechers. Jeder Gleichstrommotor kann mit Wechselstrom gespeist werden, da mit jedem Stromwechsel auch die Maschinenpole wechseln.

2. Da der Wechselstrom nicht gleichmäßig arbeitet, benutzt man heute meist sog. Dreiphasenstrom[1]) (Abb. 92), der eine Vereinigung von drei einzelnen Wechselströmen darstellt. Zur Fortleitung der drei zeitlich um je $^1/_3$ Periode nacheinander entstehenden Wechselströme sind drei Leitungen erforderlich.

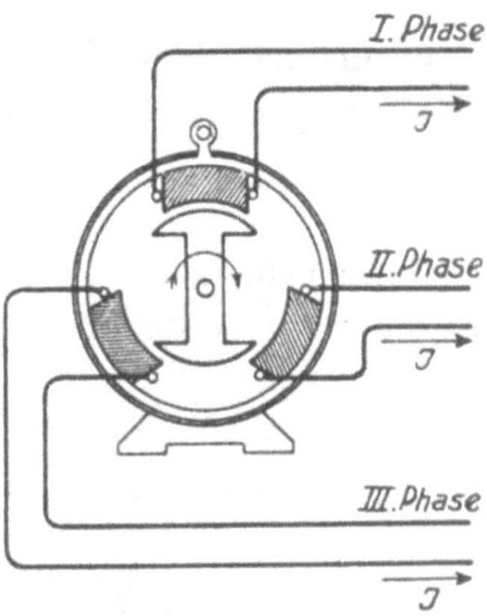

Abb. 92.
Schema eines Drehstromgenerators

c) Umformen und Fortleiten elektrischer Energie.

1. Umspanner (Transformatoren) haben den Zweck, starke Ströme von geringer Spannung in hochgespannte schwache Ströme (von geringer Stärke) und umgekehrt zu verwandeln. Das erste ist von größter Wichtigkeit für die elektrische Kraftübertragung auf weite Entfernungen. Für Versuche ist die Netzspannung vorher durch einen Kleinumformer, wie er bei elektrischen Spielzeugeisenbahnen benutzt wird, auf etwa 20 Volt herabzusetzen.

Der Wechselstromumformer (Abb. 93) besteht aus einem geschlossenen weichen Eisenkern mit 2 Spulen S_1 und S_2, der Primär- und Sekundärspule. Wird Wechselstrom durch S_1 geschickt, so induziert sie z. B. die 5fache Spannung, wenn die Zahl der Windungen von S_2 5mal so groß ist wie die von S_1. Dagegen wird die Stromstärke auf $^1/_5$ des Primärstromes herabgesetzt. Das Übersetzungsverhältnis für die Spannung ist 5 : 1.

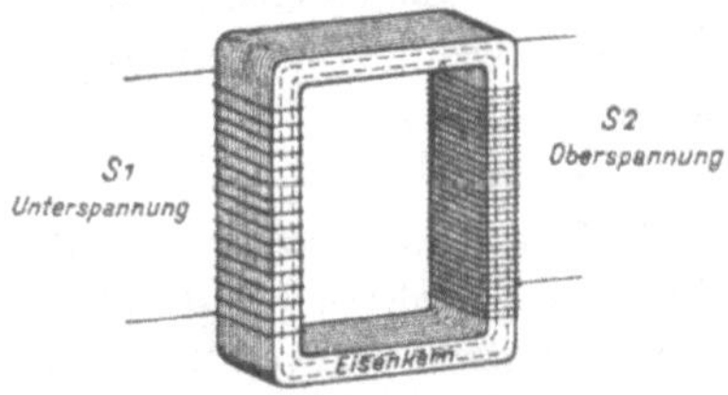

Abb. 93. Wechselstromumformer

2. Umformung des elektrischen Stromes (Gleichrichter).

Wichtig ist besonders die Umformung von Wechselstrom in Gleichstrom (für Bahnen, Ladung von Sammlern, Laboratorien usw.). Früher

[1]) Phase = Entwicklungstufe, Erscheinungsform.

benutzte man dazu einen Elektromotor, der einen Generator mit der gewünschten Stromform liefert, heute meist den einfachen Quecksilber-Gleichrichter, der den Strom nur in einer Richtung durchläßt.

19. Elektrische Schwingungen und die drahtlose Übermittlung von Nachrichten

a) Allgemeines über Schwingungen.

Unter Schwingungen versteht man in regelmäßiger Folge sich wiederholende (periodische) Bewegungen oder Änderungen. Man denke z. B. an die Schwingungen des Pendels oder die periodische Änderung

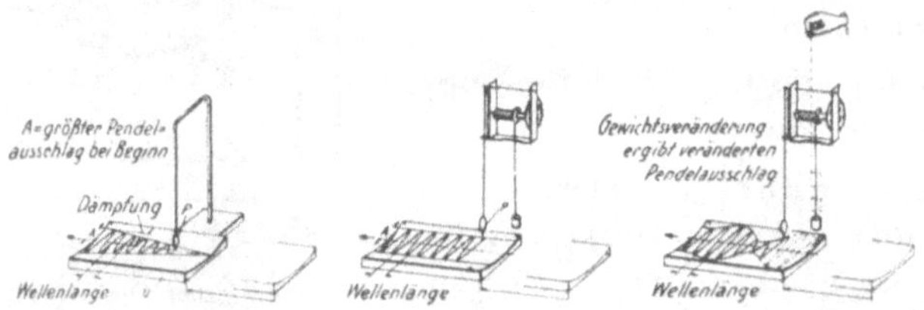

Abb. 94. Gedämpfte, ungedämpfte und modulierte Schwingungen

der Luftdichte beim Schall. Töne werden durch regelmäßige Schwingungen erzeugt und rufen ebensolche in der Luft hervor. Da sie sich ähnlich wie Wasserwellen nach allen Seiten ausbreiten, spricht man auch von Schallwellen. Der wichtige Begriff der Wellen und der Wellenbewegung soll mit Hilfe eines Schreibpendels erläutert werden (Abb. 94).

Versuch:

1. Ein Pendel mit Schreibstift wird angestoßen und die darunter befindliche zylindrisch ausgehöhlte Unterlage mit gleichförmiger Geschwindigkeit vorbeigezogen. Der Ausschlag wird immer kleiner.

Ergebnis: „Gedämpfte" Schwingungen oder Wellen.

2. Das Pendel mit Uhrwerk liefert ungedämpfte Schwingungen oder Wellen.

3. Durch Veränderung des Uhrgewichts werden die Anschläge stärker oder schwächer.

Ergebnis: Modulierte (veränderte) Schwingungen oder Wellen.

Eine Schwingung (Abb. 95) umfaßt Wellenberg und Wellental. Den Abstand zwischen diesen, in Metern ausgedrückt, bezeichnet man als Wellenlänge λ.

Beim Schall entsprechen die Wellenberge den Verdichtungs-, die Täler den Verdünnungsstellen der Luft. Macht ein Ton in der Sekunde n = 680 Schwingungen, so muß $n\lambda = 340$ m, d. h. gleich der Schallgeschwindigkeit sein, mithin $\lambda = 340 : 680 = 0{,}5$ m.

Die elektromagnetischen Schwingungen sind mit Ausnahme der Lichtwellen durch unsere Sinne nicht wahrnehmbar.

Die Anzahl der elektromagnetischen Schwingungen je Sekunde wird in Frequenzen[1]) oder in Hertz (Hz) ausgedrückt. 1000 Hz = 1 Kilohertz (kHz).

Zu der drahtlosen Telegrafie oder Telefonie werden Wellenlängen von wenigen Metern („Kurzwellen") bis zu 20000 m verwendet. Der Rundfunk arbeitet meist mit Wellenlängen von 200 bis 600 m, einige

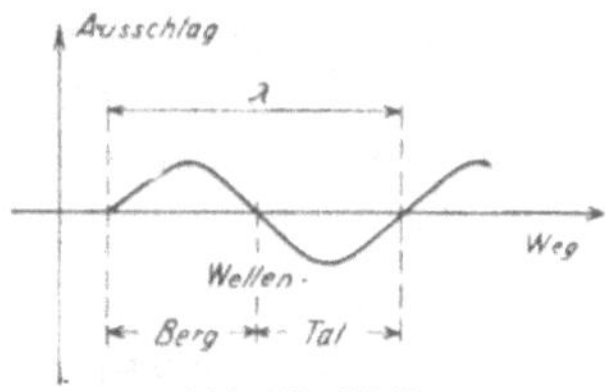

Abb. 95. Welle

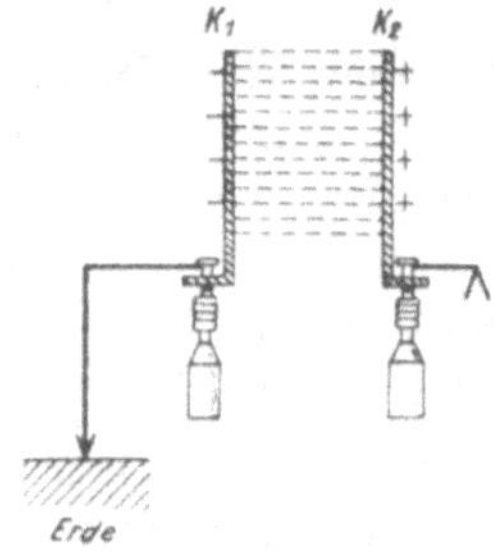

Abb. 96. Kondensator

Stationen mit Wellen über 1000 m. (Berechne die zugehörige Frequenz der Sender! Wellengeschwindigkeit 300000 km/sec.)

b) Die wesentlichen Bestandteile eines elektrischen Schwingungskreises sind ein **Kondensator** (eine „Kapazität") und eine **Spule** (eine „Induktivität").

1. Ein Kondensator (Verdichter) in einfachster Form (Abb. 96) besteht aus zwei rechteckigen parallel gestellten Metallplatten K_1 und K_2, von denen K_1 durch Verbindung mit der Wasserleitung geerdet ist.

Versuche. K_2 ist verbunden durch einen kurzen Kupferdraht mit zwei kleinen Pendelstreifen aus Aluminiumfolie, die in einer Öse des Drahtes hängen. Reibt man nun einen Glasstab mit Seide, so wird er elektrisch. Durch mehrfaches Berühren mit dem geriebenen Stabe wird K_2 positiv elektrisch geladen. Das Pendelchen zeigt durch Auseinandergehen der beiden Streifen die Spannung an. Wird K_2 dicht an K_1 herangeschoben, so gehen die Pendelstreifen zusammen. Durch Zuführung neuer Elektrizität kann der frühere Ausschlag erreicht werden.

[1]) Von frequentia (lat.) = die große Anzahl.

Das Fassungsvermögen der geladenen Platte steigt, wenn die Platten des Kondensators einander genähert werden. Durch die Feldlinien zwischen den beiden Platten wird mehr Elektrizität gebunden.

Das Vorhandensein des Feldes zwischen den beiden Platten zeigt man durch ein Siegellackstäbchen, das zwischen den Platten an einem feinen Seidenfaden aufgehängt wird, oder mit Hilfe von frischen feinen Gipskristallen, die auf eine waagerechte Glasplatte zwischen K_1 und K_2 gestreut werden.

Das Fassungsvermögen (die Kapazität) des Kondensators steigt auf das 3-, 7-, 8fache, wenn zwischen die Platten entsprechend eine Scheibe aus Paraffin, Glas oder Glimmer gebracht wird.

Aus dem Rundfunkbetrieb sind die Block- und Drehkondensatoren bekannt. Bei ihnen ist die Kapazität durch Vermehrung der Platten, die durch Glimmerschichten getrennt sind, bedeutend erhöht. Ein Kondensator hat die Kapazität 60 cm heißt: bei Anschluß an eine Spannung vermag er die gleiche Ladung aufzunehmen wie eine Kugel mit dem Halbmesser 60 cm.

2. Bei Spulen ist das Wesen der Selbstinduktion bereits erläutert. Diese wird verstärkt durch die Zahl der Lagen der Wickelungen, ferner durch einen Eisenkern. Sie hemmt das Ansteigen und Abnehmen des Stromes und sperrt hochfrequenten Wechselströmen den Durchgang. Sie ist veränderlich gestaltet bei den Schiebespulen und Variometern.

c) **Der geschlossene Schwingungskreis** (Abb. 97) besteht aus Kondensator K und Spule S und der Leitung. Wird der Kondensator durch die Leitung (K und S sind dabei parallel geschaltet) geladen, z. B. K_1 positiv und K_2 negativ, und dann sich selbst überlassen, so treibt der Spannungsunterschied zwischen K_1 und K_2 einen Strom in der Pfeilrichtung, der bis zur Entladung von K_1 andauert. Dieser Strom erzeugt in S ein magnetisches Feld. Dieses bricht nach dem Entladen des Kondensators wieder zusammen und induziert einen Strom in S, der den ursprünglichen Entladestrom aufrechtzuerhalten sucht. Dadurch wird der Kondensator wieder geladen, und zwar K_2 positiv und K_1 negativ. Der Vorgang wiederholt sich dann weiter im umgekehrten Sinne. Es handelt sich dabei um ein längeres Umsetzen der elektrischen Energie des Kondensators in magnetische Energie der Spule. Die Schwingungen sind gedämpft, da durch den Widerstand der Spule dauernd Energieverluste entstehen. Entsprechend ist es bei mechanischen Schwingungen (Abb. 98), die ein an einer Feder aufgehängtes Gewicht ausführt. Dabei findet ein längeres Umsetzen der Spannungsenergie der Feder in Bewegungsenergie der schwingenden Masse statt, wobei die erste der elek-

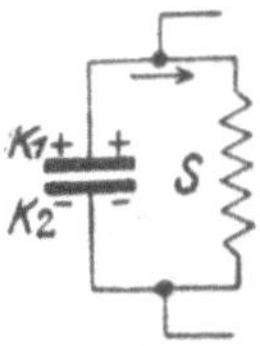

Abb. 97. Der geschlossene Schwingungskreis

Abb. 98. Federpendel

trischen Spannung im Kondensator, die zweite der Selbstinduktion (elektrische Trägheit) entspricht. Wie die mechanischen Schwingungen allmählich abklingen, so auch die „Schwingungsweiten" der elektrischen Schwingungen.

Der Schwingungsvorgang läßt sich einfach vorführen, wenn die Schwingungsdauer auf etwa 1 Sekunde herabgesetzt wird. Ein Einfadenelektrometer wird parallel zu K geschaltet und sein Faden auf die weiße Wand projiziert. Dann wird an K eine Spannung von 300 Volt angelegt. Nach Wegnahme der Stromzuführung schwingt der Faden.

d) Der offene Schwingungskreis (Abb. 99) entsteht aus dem geschlossenen, wenn man die Kondensatorplatten immer mehr voneinander entfernt, so daß die elektrischen Feldlinien einen größeren Zwischenraum überspannen. Auf diese Weise werden durch Strahlung Fernwirkungen erzielt. Sende- und Empfangsantenne sind solche offenen Schwingungskreise. Der Leiter in der Luft und die Erde bilden dabei die Kondensatorplatten. Man kann sich das Strahlungsfeld einer Antenne als einen stetigen Wechsel von senkrechten elektrischen und waagerechten Kraftlinien vorstellen.

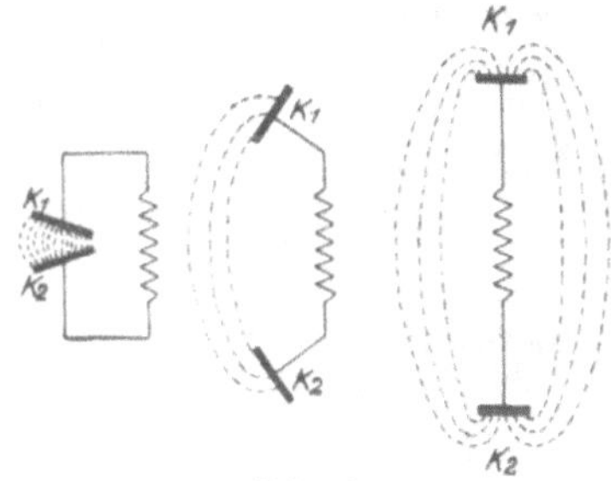

Abb. 99.
Der geschlossene Schwingungskreis wird zum offenen (Entstehung der Antenne)

e) Erzeugung und Übertragung elektrischer Schwingungen.

Früher benutzte man für die drahtlose Nachrichtenübertragung eine Funkenstrecke (vgl. die Funkenstrecke bei den Elektroden eines Funkeninduktors), um die Schwingungen eines Schwingungskreises anzuregen. Heute findet dazu die Glühkathodenröhre Verwendung. Sie wird erst unter h) besprochen.

Die Übertragung der elektrischen Schwingungen geschieht durch Koppelung. Eine Erscheinung aus der Lehre vom Schall soll den Vorgang erläutern. Von zwei Stimmgabeln I und II wird I angeschlagen. Die Schallschwingungen treffen die „in loser Koppelung" befindliche Stimmgabel II. Hat diese dieselbe Schwingungszahl wie I, so wird sie ebenfalls zu Schwingungen angestoßen, die einem Höchstwert erreichen und dann wieder abklingen.

Die „Abstimmung" elektrischer Schwingungskreise erfolgt durch Änderung von K und S, meist durch Veränderung von K durch den Drehkondensator. Sie bewirkt, daß beide Kreise die gleiche Eigenwelle haben, d. h. „in Resonanz" stehen. Nur dann findet eine möglichst günstige Energieübertragung statt.

Die Koppelung der Schwingungskreise kann auf dreifache Art geschehen:

1. induktiv (Abb. 100a) — Energieübertragung durch das Magnetfeld der Spule; keine leitende Verbindung;

2. galvanisch (Abb. 100b) — Energieübertragung durch leitende Verbindung;

5. kapazitiv (Abb. 100c) — Energieübertragung durch die elektrischen Feldlinien zwischen den Kondensatorplatten.

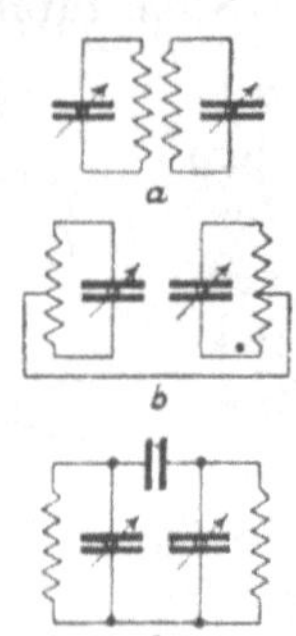

Abb. 100.

f) Die Ausbreitung und Aufnahme elektrischer Wellen geschieht durch das elektrische Feld des Kondensators und das magnetische Feld der Spule eines offenen Schwingungskreises, des Antennenkreises (vgl. d.). Von den Antennenformen hat die Rahmenantenne (Abb. 101) eine wichtige Eigenschaft.

Sie besteht aus wenigen um einen quadratischen Rahmen gelegten Windungen, deren Enden mit den Platten eines Drehkondensators verbunden sind, und bildet so einen geschlossenen Schwingungskreis. In Verbindung mit empfindlichen Empfängern kann sie Sendungen aus bestimmter Richtung empfangen. Die stärkste Wirkung tritt ein, wenn die Ebene des Rahmens zum Sender zeigt; keine Wirkung, wenn sie senkrecht zur Senderichtung steht. Das kommt daher, daß beim Auftreffen von elektrischen Wellen die elektrischen Feldlinien keine Schwingungen erzielen, da sie in den oberen und unteren Drahtteilen Gegenströme hervorrufen, während die magnetischen Feldlinien immer dann Schwingungen erzeugen, wenn sie Drähte schneiden.

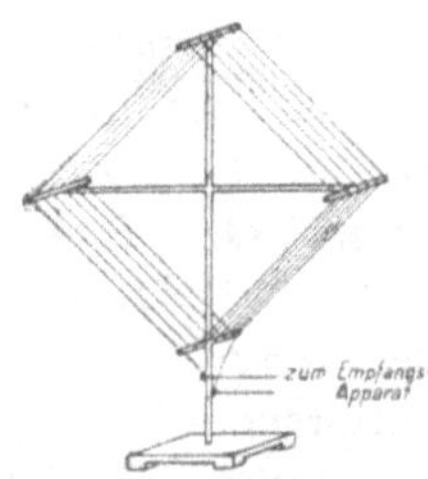

Abb. 101. Rahmenantenne

Der *Richtwirkung* verdankt die Rahmenantenne ihre Verwendung zur *Funkpeilung*. Flugzeuge und Schiffe können mit ihrer Hilfe durch Anpeilen mehrerer Sender jederzeit ihren Standort feststellen.

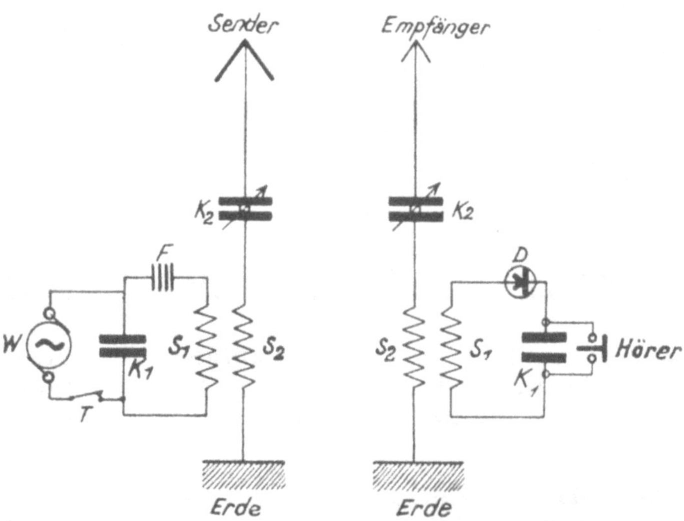

Abb. 102. Schema eines Senders und Empfängers für drahtloses Zeichengeben

g) Sender und Empfänger für *drahtloses Zeichengeben* (Telegrafie) (Abb. 102). Der von der Wechselstrommaschine gelieferte Strom wird durch Umformer (in der Abb. 102 nicht angegeben) auf hohe Frequenz gebracht und der Kondensator K_1 geladen. Dieser entlädt sich über die Funkenstrecke F. Die dabei entstehenden hochfrequenten Schwingungen im Kreis I (Stoßkreis) werden durch induktive Koppelung auf den Kreis II, den Antennenkreis, übertragen. Die Abstimmung beider Kreise geschieht durch einen Drehkondensator oder durch eine veränderliche Induktivität (Variometer).

Beim Drücken der Taste strahlt die Antenne elektromagnetische Wellen aus, die von der Empfängerantenne aufgenommen werden, falls diese auf den Sender abgestimmt ist. Der Kreis I des Empfängers ist mit dem Empfangskreis induktiv gekuppelt. Er enthält noch den Detektor[1]) D, den Blockkondensator K_1 und den Telefonhörer. Wird der Taster beim Sender kürzer und länger geschlossen, so entsteht eine entsprechende Folge von Funkenentladungen und eine ebensolche von gedämpften Wellenzügen, die in den Raum hinausgestrahlt werden und in dem Hörer des Empfängers einen Ton erzeugen.

Der Detektor ist ein Kristall aus Bleiglanz, Kupfer- oder Schwefelkies, der von einer feinen Metalldrahtspitze federnd berührt wird

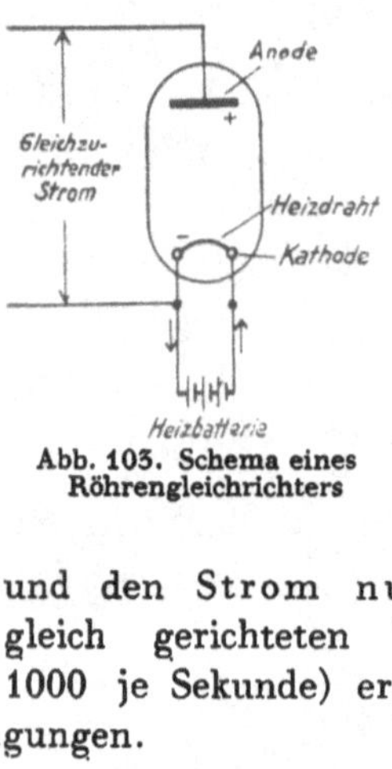

Abb. 103. Schema eines Röhrengleichrichters

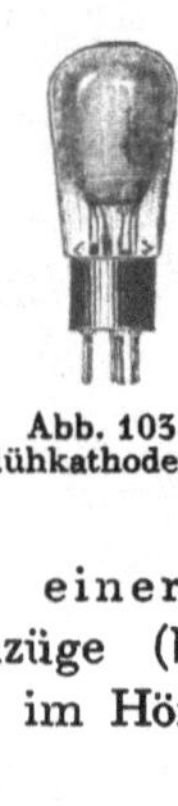

Abb. 103a. Glühkathodenröhre

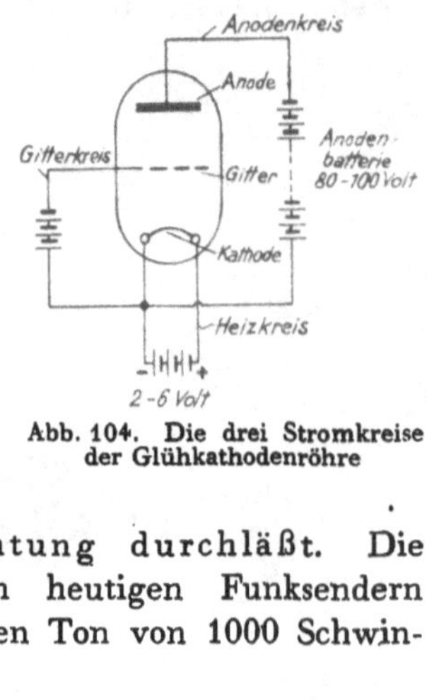

Abb. 104. Die drei Stromkreise der Glühkathodenröhre

und den Strom nur in einer Richtung durchläßt. Die gleich gerichteten Wellenzüge (bei den heutigen Funksendern 1000 je Sekunde) erzeugen im Hörer einen Ton von 1000 Schwingungen.

h) Die Glühkathodenröhre in einfachster Form (Abb. 103) ist ein luftleer gepumpter Glaskörper mit zwei Elektroden. Die Anode besteht aus einem Metallstreifen und die Kathode aus einem Wolframfaden, der durch eine besondere Batterie, die Heizbatterie, zur Weißglut gebracht werden kann. Glühkathodenröhre s. Abb. 103a.

[1]) Von detectus (lat.) = aufgedeckt.

1. Wirkung als Gleichrichter. Wird an die Anode (mit +Pol) und Kathode (mit —Pol) eine Stromquelle angeschlossen, so geht nur Strom hindurch, wenn der Heizfaden glüht, und zwar nur in einer Richtung, nämlich von der Anode zum Heizdraht. Diese Tatsache läßt sich so erklären: Aus der glühenden Kathode treten bei Stromschluß negativ geladene Elektronen aus, die von der Kathode abgestoßen und von der Anode angezogen werden. Beim Umtausch der Pole fließt kein Strom. Wegen dieser ventilartigen Wirkung wird die Glühkathodenröhre als Gleichrichter von Wechselstrom und statt des Detektors benutzt.

2. Wirkung als Verstärker (Abb. 104). Durch Einbau einer dritten Elektrode, des Gitters, ursprünglich zwischen Anode und Kathode, wird sie zu einem äußerst vielseitigen und wertvollen Hilfsmittel gestaltet. Das Gitter besteht aus einem Metallgitter oder einer Drahtspirale und ist in Wirklichkeit meist als Spirale um den Heizdraht herumgeführt. Durch Hinzukommen des Gitters sind jetzt an der Röhre drei Stromkreise zu beachten: I. der Anodenkreis mit der starken Anodenbatterie AB, II. der Heizstromkreis mit einer schwachen Batterie (2 bis 6 Volt) HB, III. der Gitterkreis mit der Gitterbatterie GB. Wird nunmehr an Gitter und Kathode eine kleine Spannung angelegt, so wird der Anodenstrom verstärkt oder geschwächt, je nachdem der +Pol oder —Pol der GB ans Gitter angeschlossen ist. Tritt an Stelle der GB eine Stromquelle mit wechselnder Spannung, so wird der Anodenstrom abwechselnd entsprechend verstärkt oder geschwächt. Die Verstärkung beträgt das 10- bis 20fache.

3. Wirkung als Detektor (Audion). Dazu ist noch ein weiterer Kunstgriff erforderlich. In den Gitterstromkreis wird ein Kondensator und parallel dazu ein sehr hoher Widerstand, z. B. 1 Million Ω(Hochohmwiderstand) eingeschaltet (Audionschaltung). Die Schaltung als Detektor zeigt die Abb. 105. Durch die ankommenden Wellenzüge werden Schwingungen im Gitterkreis hervorgerufen, die den Anodenstrom im Takte der eintreffenden Wellenzüge stärken oder schwächen und somit im Hörer für jeden gedämpften Wellenzug einen Stromstoß verursachen.

4. Wirkung der Röhre als Sender und drahtloses Fernsprechen (Abb. 106). Wie beim Fernsprecher durch Draht der Mikrofongleichstrom als Träger der Schallschwingungen benutzt wird, so werden auch beim drahtlosen Fernsprechen ungedämpfte Hochfrequenzwellen als Trägerwellen benutzt, denen die Sprachschwin-

gungen zum Mitnehmen aufgeprägt werden. In Abb. 106 ist eine einfache Schaltung eines Röhrensenders gegeben. Bei U befindet sich der Mikrofontransformator, der den hochfrequenten Schwingungen des Schwingungskreises die Sprachfrequenz aufprägt.

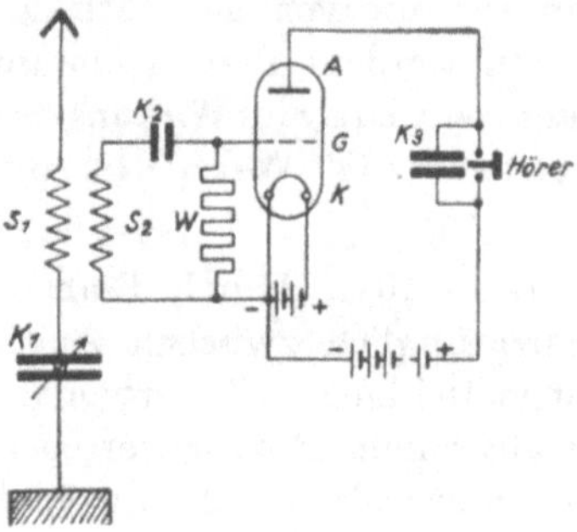

Abb. 105. Glühkathodenröhre als Detektor (in Audionschaltung)

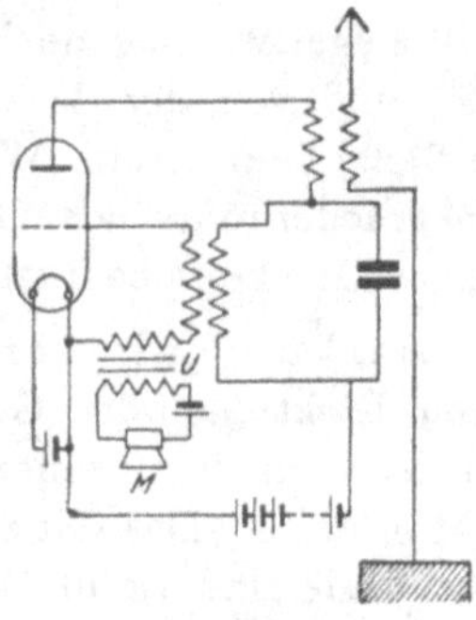

Abb. 106. Schema eines Röhrensenders

5. Auf eine besondere Verwendung der Röhre soll zum Schluß noch hingewiesen werden. Sie kann auch zur Verstärkung von Telefonen dienen. Mit Hilfe eines Telefonverstärkers kann gezeigt werden, wie leicht Ferngespräche abgehorcht werden können, bei denen die Erde als Rückleitung benutzt wird.

VII. Das Licht (Optik)

1. Allgemeines. Ausbreitung des Lichtes

a) Licht. Lichtquellen.

Schalten wir in einem vorher dunklen Zimmer das elektrische Licht ein, so nehmen wir an den Gegenständen des Zimmers Gestalt, Ausdehnung, Farbe und ihre gegenseitige Entfernung wahr. Die Ursache dieser Wirkung auf das Auge ist das Licht.

Körper, die selbständig Licht aussenden, wie Sonne, Fixsterne, Glühlampen, heißen selbstleuchtende Körper oder Lichtquellen. Dunkle oder nichtleuchtende Körper werden erst sichtbar, wenn sie von Lichtquellen beleuchtet werden, z. B. der Mond.

Nach dem Grade der Durchlässigkeit für Licht spricht man von durchsichtigen (Luft, Glas, reines Wasser), durchscheinenden (Milchglas, angefettes Papier) und undurchsichtigen Körpern. Diese lassen das auftreffende Licht nicht hindurch, sondern verschlucken (absorbieren) es.

Durchsichtige Stoffe, die das Licht durchdringt, heißen Mittel oder Medien[1]).

b) Ausbreitung des Lichtes.

In einem gleichmäßigen Mittel pflanzt sich das Licht in geraden Linien, den sog. Lichtstrahlen, fort.

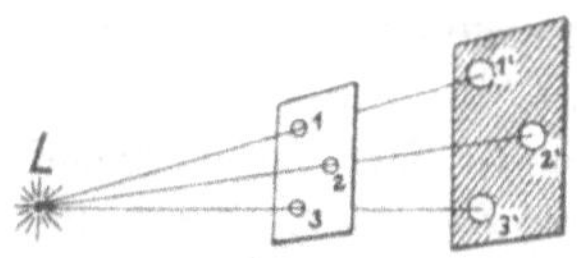

Abb. 107. Geradlinige Fortpflanzung des Lichtes

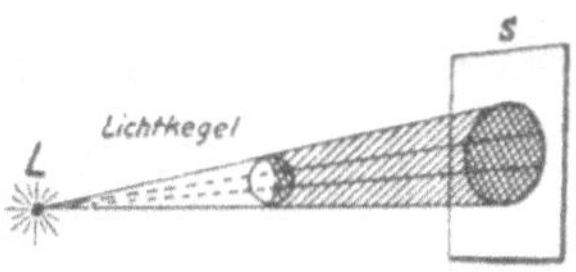

Abb. 108. Punktförmige Lichtquelle entwirft scharf begrenzte Schlagschatten

Eine Taschenlampe (Abb. 107), die vor ein Pappstück mit den drei Löchern 1, 2, 3 gehalten wird, erzeugt auf dem dahinter befindlichen Schirm drei helle Flecke 1′, 2′, 3′, die mit den entsprechenden Löchern in gerader Linie liegen.

Bestätigende Beobachtungen. Sonnenlicht, das durch enge Spalten in ein Zimmer fällt, beleuchtet die Staubteilchen in geraden Linien. Eine kleine Lichtquelle (Glühbirne einer Taschenlampe) wird durch Vorhalten eines kleinen undurchsichtigen Körpers unsichtbar.

Der Schatten erklärt sich aus der geradlinigen Fortpflanzung des Lichtes.

Stellen wir (Abb. 108) zwischen die punktförmige Lichtquelle L (elektrische Taschenlampe) und den Schirm S einen nicht durchsichtigen Körper, z. B. eine Kugel (Ball), so entsteht hinter diesem ein Schattenraum. Dieser wird von den Lichtstrahlen begrenzt, die die

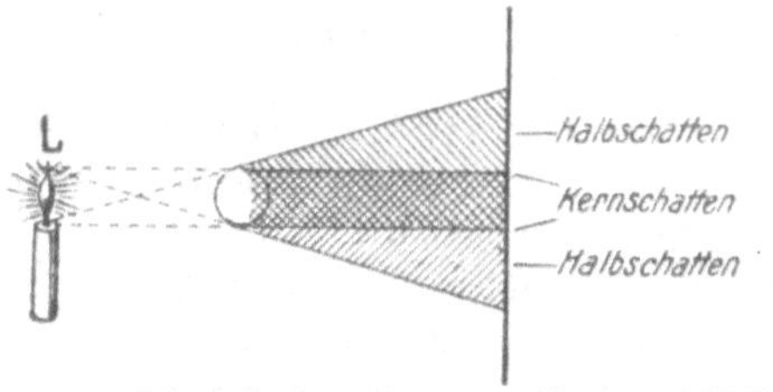

Abb. 109. Eine ausgedehnte Lichtquelle erzeugt Kern- und Halbschatten

Kugel berühren (Strahlenkegel) und ruft auf dem Schirm einen **Schlagschatten** hervor.

Ersetzen wir (Abb. 109) die punktförmige Lichtquelle durch eine ausgedehnte (z. B. eine Kerze mit hoher Flamme), so beobachtet man

[1]) Von medium (lat.) = Mittel.

auf dem nicht zu weit stehenden Schirm den Kernschatten, der überhaupt kein Licht, und den ringförmigen Halbschatten, der nur von einem Teil von L Licht erhält.

c) **Die Geschwindigkeit des Lichtes** in der Luft und im luftleeren Raum beträgt 300000 km in der Sekunde (300000 km/sec). Nachweis durch Beobachtungen im Weltenraum und vielseitige Versuche, auf die hier nicht eingegangen werden kann.

Die in 1 Sekunde vom Licht zurückgelegte Strecke ist das 7,5fache des Erdumfangs. Die Lichtgeschwindigkeit ist fast 1000000mal so groß wie die des Schalles. In Kronglas beträgt die Geschwindigkeit 200000 km/sec, in Wasser 225000 km/sec.

2. Lichtmessung. Lichtstärke und Beleuchtungsstärke

a) Ein selbstleuchtender Körper, der uns in gleicher Entfernung heller als ein zweiter erscheint, hat die größere Lichtstärke (Lichtintensität). In gleicher Weise schreiben wir bei zwei beleuchteten Flächen bei gleicher Entfernung und Neigung der Fläche die größere Beleuchtungsstärke zu, die uns heller erscheint.

Das Messen von Licht- und Beleuchtungsstärken beruht auf folgenden Einheiten:

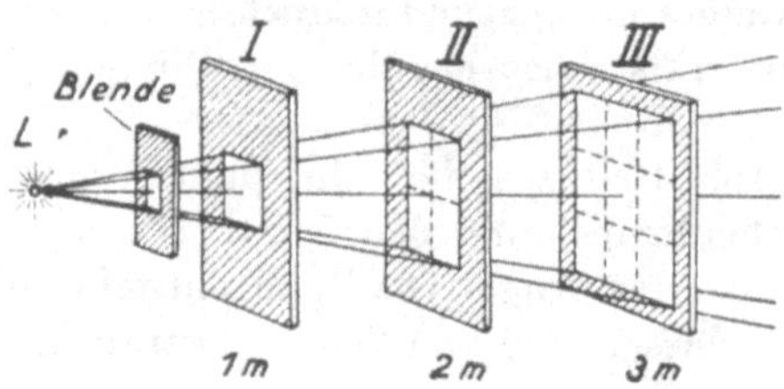

Abb. 110. Abnahme der Beleuchtungsstärke mit der Entfernung

1. Einheit der Lichtstärke ist die Hefnerkerze (HK), d. i. die Lichtstärke einer mit Amylazetat gespeisten Hefnerlampe von 40 mm Flammenhöhe bei 8 mm Dochtdicke.

2. Einheit der Beleuchtungsstärke ist 1 Lux (Lx) oder 1 Meterkerze (1 mK), d. i. die Beleuchtung, die eine senkrecht von den Lichtstrahlen getroffene Fläche hat, wenn sie in 1 m Entfernung von 1 Hefnerkerze beleuchtet wird.

b) Abnahme der Beleuchtungsstärke einer Fläche mit der Entfernung von der Lichtquelle.

Versuch (Abb. 110). Zwischen eine Kerze oder Taschenlampe und den Schirm in Stellung I bringen wir eine Blende (weißes Kartonstück) mit einer quadratischen Öffnung (Seitenlänge 10 cm). Auf dem Schirm ist eine quadratische Fläche beleuchtet. Miß die Seitenlänge dieser Fläche, wenn der Schirm 1 m, 2 m, 3 m usw. Entfernung zeigt. Der Lichtstrom, der in der Entfernung 1 m die Beleuchtungsstärke B erzeugt, breitet sich in der Entfernung 2 m, 3 m, 4 m usw. auf die 4-, 9-, 16fache Fläche aus. Die Stärke der Beleuchtung beträgt daher in der Entfernung 2 m, 3 m, 4 m usw. entsprechend nur noch $\frac{B}{4}, \frac{B}{9}, \frac{B}{16}$ usw.

Die Beleuchtungsstärke nimmt im Quadrat der Entfernung von der Lichtquelle ab.

c) Zur Messung der Lichtstärken dienen die Lichtmesser oder Fotometer. Bestimme die Lichtstärke einer Taschenlampe. Als Vergleichslichtquelle dient eine einfache Kerze, deren Lichtstärke ungefähr 1 HK sein soll.

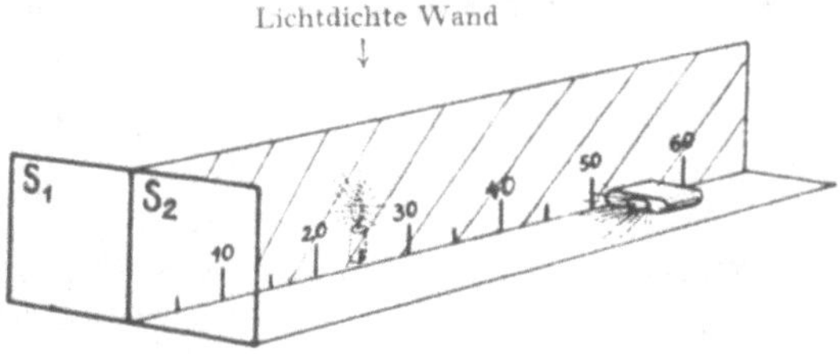

Abb. 111. Lichtmessung

Die zu vergleichenden Lichtquellen (Abb. 111) werden hinter zwei Mattglasscheiben S_1 und S_2 (oder Rahmen aus durchscheinendem Papier) gestellt. Die Kerze steht in der Entfernung 25 cm von S_1. Die Taschenlampe wird solange verschoben, bis S_1 und S_2 gleich hell beleuchtet erscheinen. Trifft das in der Entfernung 50 cm, also in der doppelten Entfernung zu, so muß die Taschenlampe die 4fache Lichtstärke, also 4 HK, haben.

Die Beleuchtungsstärke B wächst mit der Lichtstärke J der Lichtquelle. Für eine zu den Lichtstrahlen senkrechte Fläche in der Entfernung x setzt man:

$$B = \frac{J}{x^2} \text{ Lux}.$$

Bezeichnet im Beispiel J_t die Lichtstärke der Taschenlampe und J = 1 HK die der Kerze, so folgt

$$\frac{J_t}{50^2} = \frac{1}{25^2} \text{ HK, mithin } J_t = 4 \text{ HK}.$$

Gebräuchliche Lichtstärken:

Gewöhnliche Glühlampen	16 bis	75 HK.
Gewöhnliche Bogenlampen	300 bis	1500 HK.
Wolframlampen	15 bis	600 HK.

Zum Lesen und Schreiben ist die günstigste Beleuchtungsstärke rund 50 Lux. Wie weit muß eine 25kerzige Glühlampe vom Buch entfernt sein, um bei senkrechtem Auftreffen der Lichtstrahlen 50 Lux Beleuchtungsstärke zu liefern?

3. Zurückwerfung (Reflexion) des Lichtes

a) Reflexionsgesetz.

Versuch (Abb. 112). Man setzt ein rechtwinkliges geknicktes Stück weißes Kartonpapier senkrecht auf einen ebenen Spiegel. In dem abgeknickten Stück befindet sich ein schmaler waagerechter Spalt. Durch diesen läßt man mit einer Taschenlampe ein kleines Lichtbündel an dem Kartenstreifen entlang auf den Spiegel fallen, der im Auftreffpunkt O den Mittelpunkt eines Winkelmessers hat. Der auf die spiegelnde Fläche in O einfallende Strahl e wird nach a zurückgeworfen (reflektiert). Das in O auf der Spiegelfläche errichtete Lot l heißt

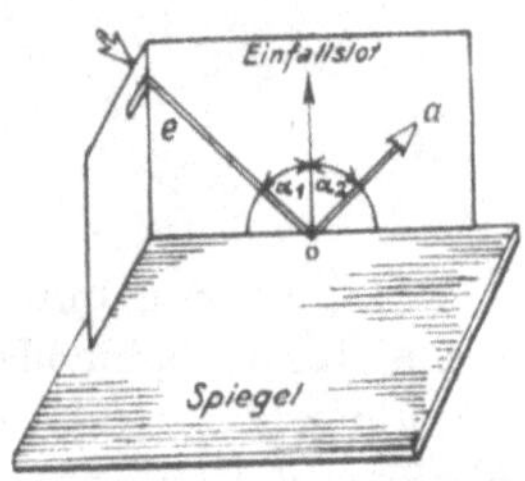

Abb. 112. Zurückwerfung des Lichtes

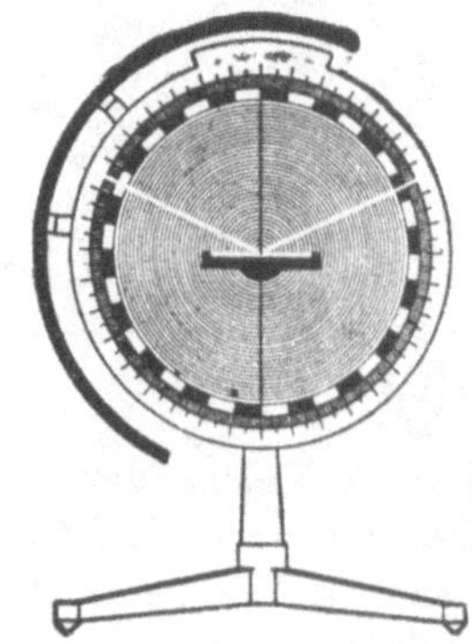

Abb. 113. Reflexion an ebenen Flächen

Einfallslot, die Winkel des einfallenden und reflektierten Strahles mit dem Einfallslot heißen Einfalls- und Ausfallswinkel (α_1, α_2) Der Versuch ergibt:

Der Einfallswinkel (α_1) ist gleich dem Ausfallswinkel (α_2). Einfallender Strahl, Einfallslot und reflektierender Strahl liegen in derselben Ebene.

Nachweis auch mit der optischen Scheibe nach Hartl siehe Abb. 113 oder mit dem 4-Nadel-Versuch (Abb. 114).

Bei diesem wird ein spiegelnder Streifen längs einer Geraden senkrecht auf einen Zeichenbogen gestellt und zwei Nadeln N_1 und N_2 eingesteckt. Visiere längs N_1 N_2 nach dem Auftreffpunkt O und schiebe einen Winkelmesser mit dem Mittelpunkt in O an den Spiegel. Alsdann stecke die Nadeln N_3 und N_4 so ein, daß ihre Spiegelbilder mit N_1 N_2 in gerader Linie liegen.

Ein senkrecht auffallender Strahl wird in sich selbst zurückgeworfen.

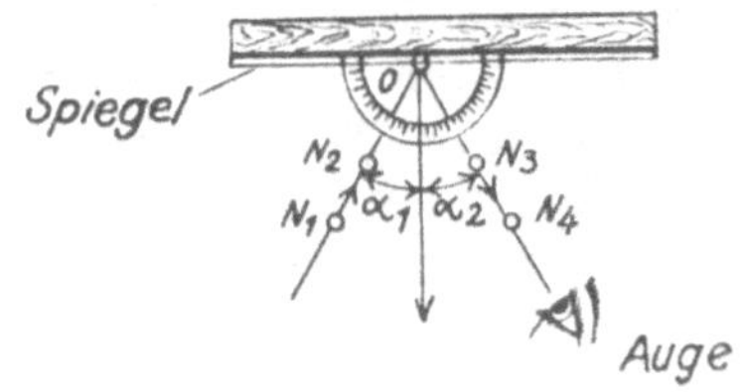

Abb. 114. Viernadelversuch $\alpha_1 = \alpha_2$.

Körper mit rauhen Oberflächen werfen das Licht nach allen Richtungen zurück und werden daher auch von allen Seiten gesehen. Man spricht in diesem Falle von zerstreutem oder diffusem[1]) Licht. Die Helligkeit von Innenräumen, die kein unmittelbares Licht erhalten, erklärt sich aus dem zerstreuten Licht.

b) Bilder beim ebenen Spiegel. Wir stellen (Abb. 115) im dunklen Zimmer eine Glasscheibe lotrecht auf eine Tischplatte und legen unter die Glasscheibe auf dem Strich 100 cm senkrecht zu ihr ein dünnes, biegsames Bandmaß. Stellt man neben den Strich 70 cm eine bren-

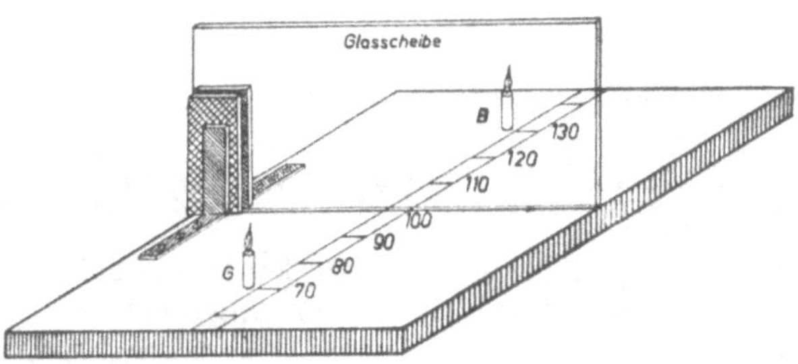

Abb. 115. Symmetrische Lage von Bild und Gegenstand zur Spiegelfläche

nende Kerze, so scheint auch auf Teilstrich 130 cm eine Kerze zu brennen. Ein neben den Teilstrich 130 cm gesetzter gleichhoher Kerzenstumpf scheint auch eine Flamme zu tragen. Wird die Kerze von der spiegelnden Fläche abgerückt, so entfernt sich das „Scheinbild“. Es ergibt sich:

Ein leuchtender Punkt und sein Spiegelbild liegen in gleicher Entfernung von der Spiegelfläche, mit anderen Worten symmetrisch zu dieser.

In Abb. 116 sei $S_1 S_2$ die Spiegelfläche, L der leuchtende Punkt und L′ sein Spiegelbild. Alle von L auf die Spiegelfläche fallenden Strahlen werden so zurückgeworfen, daß sie von einem Punkte L′, der eben-

[1]) Von diffundere (lat.) = zerstreuen.

soweit hinter dem Spiegel liegt, zu kommen scheinen. Zeichnet man eine Reihe von reflektierten Strahlen, so müssen die gleichartig gekennzeichneten Winkel gleich sein. Denkt man sich die vordere Hälfte der Abb. 116 um $S_1 S_2$ nach hinten umgeklappt, so decken sich L und L′ nebst den einfallenden Strahlen und ihren Spiegelbildern.

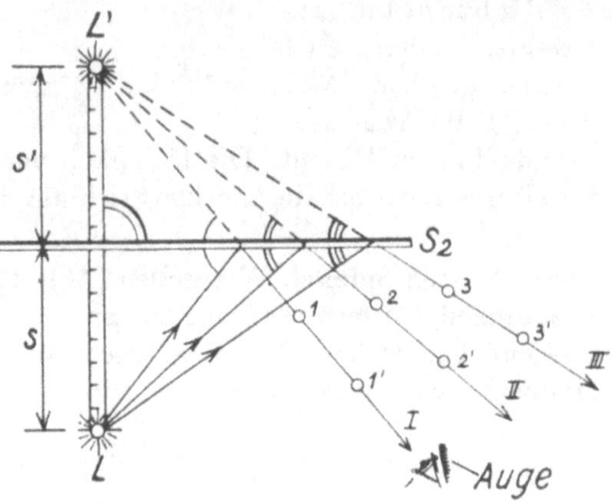

Abb. 116. Entstehung eines Spiegelbildes

Nachweis durch den Versuch mit Nadeln auf Zeichenblatt. Visiere längs dreier ausfallender Strahlen I, II, III, stecke die Nadeln 11′, 22′, 33′ ein und zeichne diese Strahlen 11′, 22′, 33′, die sich in L′ treffen.

Ein Beobachter in I glaubt in L′ einen leuchtenden Punkt zu sehen, da der zurückgeworfene Strahl 11′ in sein Auge gelangt.

Ein ausgedehnter Gegenstand, wie z. B. die Kerze in Abb. 115, erzeugt ein ebenso großes Spiegelbild, da jedem Punkte des Gegenstandes G ein Bildpunkt im gleichen Abstande vom Spiegel entspricht.

Ein ebener Spiegel erzeugt von einem Gegenstand ein Scheinbild in gleicher Größe und symmetrischer Lage zur Spiegelfläche.

Nicht wirkliche oder scheinbare Bilder können nicht auf einem Schirm aufgefangen werden. Sie entstehen nicht durch den Schnitt von Strahlen. Beim lotrechten Spiegel ist im Bilde links und rechts des Gegenstandes vertauscht. Steht man vor dem Spiegel, so wird beim Spiegelbild der rechte Arm zum linken und umgekehrt.

c) Die Gesetze vom ebenen Spiegel sind grundlegend für die Erklärung und den Bau der meisten optischen Geräte. Die Anwendungen kommen im folgenden an geeigneter Stelle zur Sprache.

Baue dir einen Schützengrabenspiegel nach Abb. 117 in einem Pappkasten. Der auftreffende Strahl wird parallel zu sich verschoben.

Bei der Drehung des Spiegels (Abb. 118) um einen Winkel α z. B. = 15° dreht sich der ausfallende Strahl um den doppelten Winkel, also $2\alpha = 30°$. Nachweis an der Hartlschen Scheibe oder durch Nadeln.

Erklärung. Der ausfallende Strahl dreht sich erstens um $\alpha = 15°$ wegen der Drehung des Einfallslotes und dann noch selbst um $\alpha = 15°$ wegen des Reflexionsgesetzes.

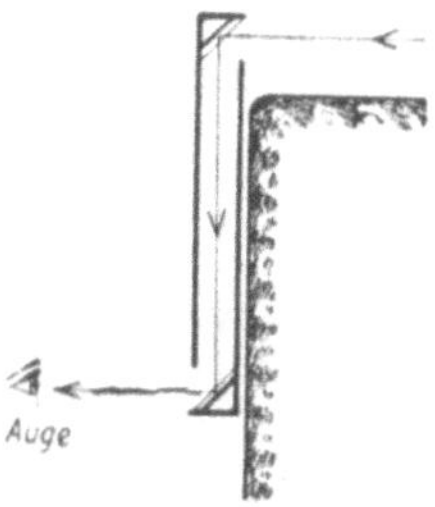

Abb. 117. Schützengrabenspiegel

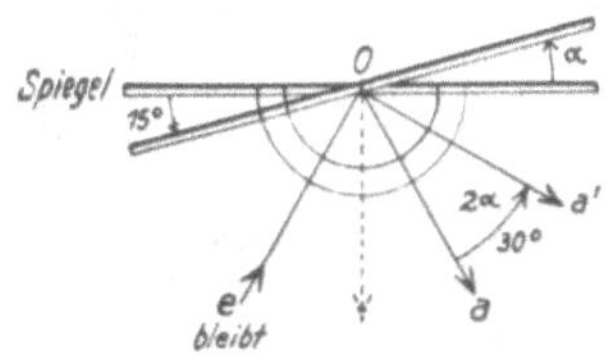

Abb. 118. Ausfallender Strahl dreht sich um 2 α

4. Der Kugelhohlspiegel

a) Ein Hohlspiegel ist eine innen spiegelnde Kugelschale (Abb. 119). Der Mittelpunkt S der Spiegelfläche heißt Scheitelpunkt und die Verbindungsstrecke von S mit dem im Raume liegenden Kugelmittelpunkt M die Achse des Hohlspiegels. MA = MS = MB = r heißen Krümmungsradien. Winkel AMB bezeichnet die Spiegelöffnung.

b) Brennpunkt und Brennweite.

Lassen wir ein paralleles Strahlenbündel (Abb. 119), z. B. die Strahlen der Sonne, parallel zur Achse auf den Spiegel fallen, so vereinigen sich die Strahlen, die man durch Rauch besser sichtbar machen kann, annähernd in einem Punkte F auf der Achse. Der Punkt F, der große Helligkeit und starke Wärmewirkungen zeigt — beim vorliegenden Versuch enthält er ein kleines Sonnenbildchen —, heißt der Brennpunkt[1]), sein Abstand f vom Spiegel Brennweite.

Auch der Versuch an der Hartlschen Scheibe (Abb. 120) ergibt:

Parallel zur Achse auf einen Hohlspiegel fallende Strahlen werden im Brennpunkt vereinigt, der in der Mitte zwischen Scheitel und Kugelmittelpunkt liegt.

Für die Brennweite f gilt annähernd die Beziehung:

$$f \approx {}^1/_2\,MS = {}^1/_2\,r.$$

[1]) Das lat. Wort lautet focus, daher die Bezeichnungen F bzw. f für Brennpunkt und Brennweite.

Das ergibt sich auch leicht aus dem Reflexionsgesetz. Wir können uns den Spiegel (Abb. 121) aus vielen kleinen ebenen Spiegeln zusammengesetzt denken. Trifft ein Parallelstrahl in A den Spiegel, so ziehen wir das Einfallslot AM. Nach dem Reflexionsgesetz ist $\alpha_2 = \alpha_1$; ferner ist $\alpha_1 = \alpha_3$ (Wechselwinkel). Daher ist $\alpha_2 = \alpha_3$ und mithin $FM = FA \approx SF$.

Es ist zu beachten, daß das nur annähernd gilt, wenn der Spiegel eine kleine Öffnung hat.

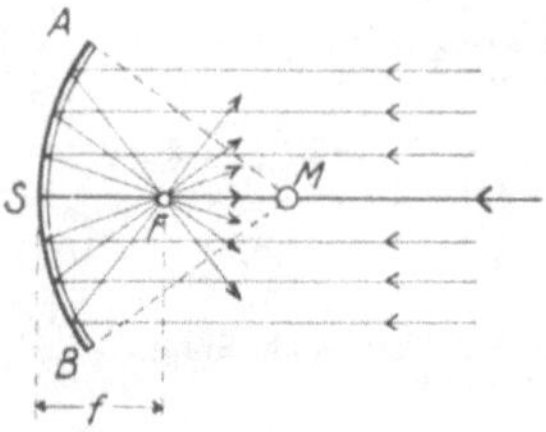

Abb. 119. Parallel zur Achse einfallende Strahlen werden im Brennpunkt vereinigt

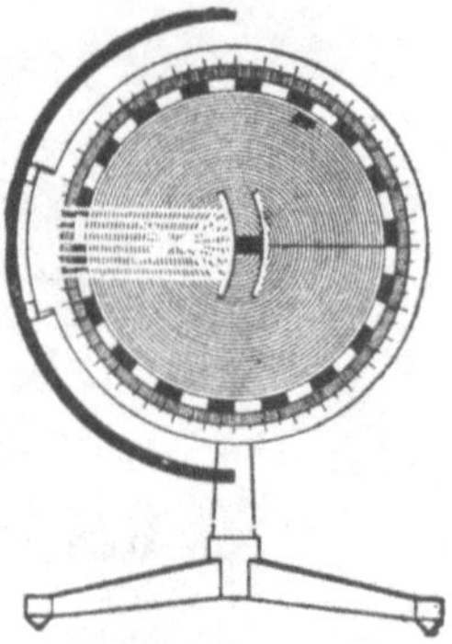

Abb. 120. Parallel auftreffende Strahlen werden nach dem Brennpunkt reflektiert

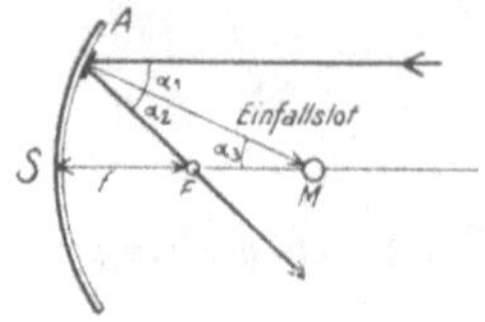

Abb. 121. Brennweite $f = \frac{1}{2} SM = \frac{1}{2} r$

c) Bilder des Hohlspiegels.

Das Reflexionsgesetz gilt auch für kleine Flächen des Hohlspiegels. Da nach ihm Einfalls- und Ausfallswinkel gleich sind, ist dann auch beim Hohlspiegel der Strahlengang immer umkehrbar. Wir lassen nunmehr eine Lichtquelle auf der optischen Achse wandern und untersuchen den Verlauf der Strahlen und die entstehenden Bilder.

Versuche ergeben:

1. (Abb. 122a) Eine punktförmige Lichtquelle im Brennpunkt F erzeugt zur Achse parallele Strahlen.

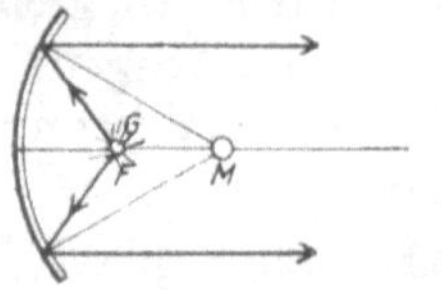

Abb. 122a. Lichtquelle in F: paralleles Licht

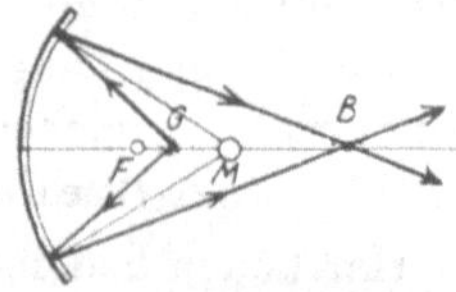

Abb. 122b. Lichtquelle außerhalb f: konvergentes Licht

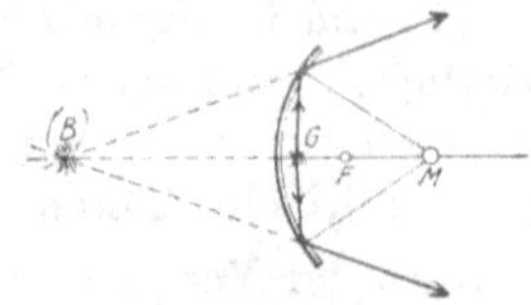

Abb. 122c. Lichtquelle innerhalb f: divergentes Licht

2. (Abb. 122b) Eine Lichtquelle (kleine Kerze) außerhalb der Brennweite erzeugt zusammengehendes (konvergentes) überschnürtes Licht. Wandert G gegen M, so geht auch B nach M. Vom Mittelpunkt ausgehende Strahlen werden in sich selbst zurückgeworfen. (Grund?)

3. Abb. 122c) Eine Lichtquelle innerhalb der Brennweite liefert auseinandergehende (divergente) Lichtstrahlen.

Im Falle 1 entsteht von der Lichtquelle kein Bild, im Falle 2 entsteht in B ein wirkliches und umgekehrtes Bild (auffangen mit Schirm!), im Falle 3 ergibt sich nur ein Scheinbild.

Als Scheinwerfer kommt der Kugelhohlspiegel nicht in Betracht, da er keinen genau bestimmten Brennpunkt hat und zuviel Streulicht entstehen würde. Doch findet er vielseitige Verwendung beim Arzt, um Auge, Ohr, Nase und Hals zu untersuchen.

5. Zeichnung der Hohlspiegelbilder. Hohlspiegelformel

a) Für die Zeichnung der Bilder braucht man nur den Verlauf der Hauptstrahlen zu beachten:

Ein Parallelstrahl wird Brennstrahl und umgekehrt. Ein Mittelpunktstrahl wird in sich zurückgeworfen.

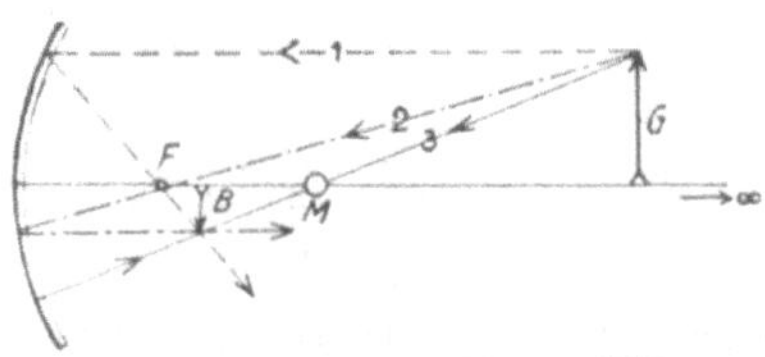

Abb. 123. Zeichnung des wirklichen Bildes von G

Es genügen zwei Strahlen. Der dritte dient zur Nachprüfung.

1. Zeichnung des Bildes eines Gegenstandes G in dem Außenraum M ∞ [1]) (Abb. 123). Es entsteht ein umgekehrtes, wirkliches und verkleinertes Bild zwischen F und M (Versuch mit Kerze).

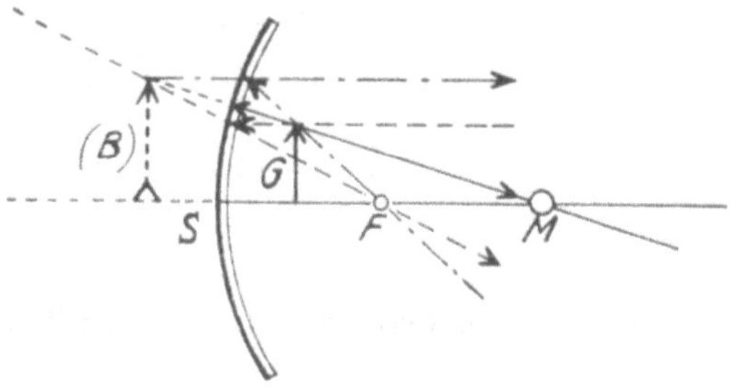

Abb. 124. Zeichnung des Scheinbildes von G

2. Für den Fall, daß G zwischen F und M liegt, sind in Abb. 123 nur B und G zu vertauschen.

3. Zeichnung des Bildes eines Gegenstandes zwischen S und F (Abb. 124). Es entsteht ein aufrechtes, vergrößertes Scheinbild B. Bringe eine Kerze in den Raum zwischen S und F. Vergrößerte Scheinbilder beim Rasierspiegel, ferner beim Mundspiegel des Zahnarztes.

---

[1]) Zeichen für unendlich.

b) Hohlspiegelformel.

Bezeichnungen: Gegenstandsweite g = Abstand des Gegenstandes vom Spiegel.

Bildweite b = Abstand des Bildes vom Spiegel.

Bringe in den Raum der Spiegelachse einen Maßstab; bestimme für mehrere Lagen der Taschenlampe g und b und bilde $\frac{1}{g} + \frac{1}{b}$. Dieser Ausdruck ergibt immer den festen Wert $\frac{1}{f}$, d. h. den umgekehrten Wert der Brennweite. Es ergibt sich so die sog. Hohlspiegelgleichung

$$\boxed{\frac{1}{g} + \frac{1}{b} = \frac{1}{f}.}$$

Beispiele: $\frac{1}{50} + \frac{1}{200} = \frac{1}{40}$; $\frac{1}{60} + \frac{1}{125} = \frac{1}{40}$.

c) Bildgröße. Durch Versuche ergibt sich für die Bildgröße B eines Gegenstandes G die Beziehung:

$$\boxed{B : G = b : g}$$

Beispiel: G = 2 cm, g = 60 cm, b = 125 cm.

$$B = \frac{125}{60} \cdot 2\ \text{cm} \approx 4\ \text{cm}.$$

6. Der erhabene Kugelspiegel (Konvexspiegel)

a) Der erhabene Spiegel ist eine auf der Außenfläche spiegelnde Kugelschale.

Fülle eine kugelförmige Flasche (z. B. Kochflasche) mit einer dunklen Flüssigkeit und mache Versuche wie im Abschnitt 4b. Um schärfere Bilder zu erhalten, blende die Randstrahlen ab. Beobachte die Sonnenbildchen in den Gartenkugeln.

b) Parallel zur Spiegelachse auftreffende Strahlen werden so zurückgeworfen, als ob sie von einem Punkte Z in der Mitte des Hauptradius herkämen (Abb. 125).

Dieser „Scheinbrennpunkt“ heißt „Zerstreuungspunkt“.

c) Die Zeichnung der Bilder erfolgt ganz entsprechend wie beim Hohlspiegel. Der erhabene Spiegel liefert immer aufrechte, verkleinerte Scheinbilder zwischen Zerstreuungspunkt und Spiegel.

Anwendungen: Autospiegel, Glaskugeln.

Merke: Durch Hohlspiegel werden die Lichtstrahlen gesammelt, durch erhabene Spiegel zerstreut.

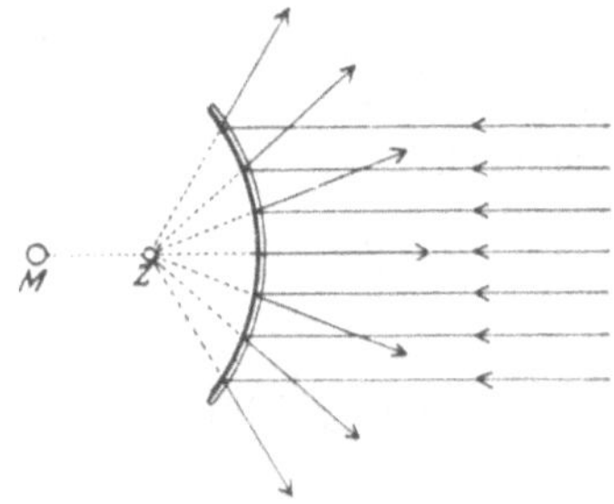

Abb. 125. Zerstreuung des Lichtes am erhabenen Spiegel

7. Der Parabolspiegel als Scheinwerfer und Blinkgerät

a) Entstehung einer Parabel[1] (Abb. 126).

Wir haben einen Punkt F und eine Gerade l und suchen alle Punkte, die von F und l gleich weit entfernt sind. Wir fällen zunächst von F auf l das Lot FA und bestimmen den Mittelpunkt S. S hat von F und l die gleiche Entfernung. Ist z. B. SF = 1 cm, so beschreiben wir um F Kreise mit dem Radius r > 1 cm, z. B. 1,5 cm, 2 cm, 2,5 cm usw. und verschieben längs l ein durchsichtiges Zeichendreieck (s. Abb. 126), das an der zu l lotrechten Seite eine Teilung hat.

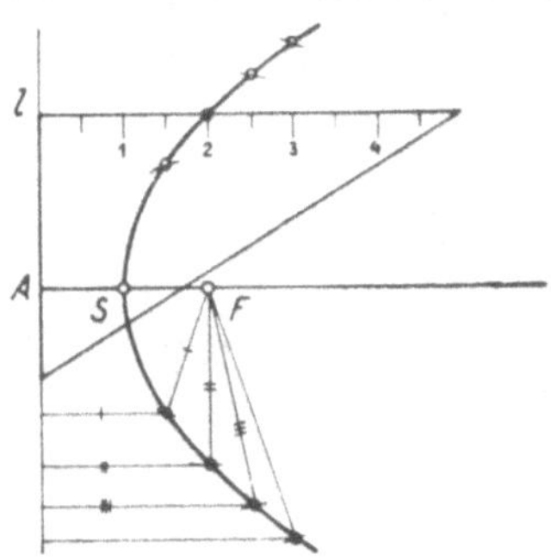

Abb. 126. Entstehung einer Parabel

Bei Kreis I markiere die Punkte mit der Entfernung 1,5 cm von l, bei Kreis II markiere die Punkte mit der Entfernung 2 cm usw. Verbindet man die Punkte durch einen freien Kurvenzug oder mit Hilfe des Kurvenlineals, so entsteht eine Parabel mit dem Scheitelpunkt S und dem Brennpunkt F. Einfachere Zeichnung auf Millimeterpapier!

b) Der Parabolspiegel.

Wird die Parabel um ihre Achse SF (Abb. 126) gedreht, so entsteht eine gekrümmte Fläche, das Paraboloid. Wird dieses innen spiegelnd gemacht, so haben wir einen parabolischen Spiegel oder Para-

[1]) Flieger und Artillerist hören viel von Parabeln. Es soll daher in einfachster Weise gezeigt werden, wie eine solche Kurve entsteht und gezeichnet werden kann.

bolspiegel, wie er als **Scheinwerfer**, ferner beim **Blinkgerät** und beim Kraftwagen Verwendung findet, dank der wichtigen optischen Eigenschaft, daß **alle parallel zur Achse einfallenden Strahlen stets in einem Punkt, dem Brennpunkt F, vereinigt werden**[1]).

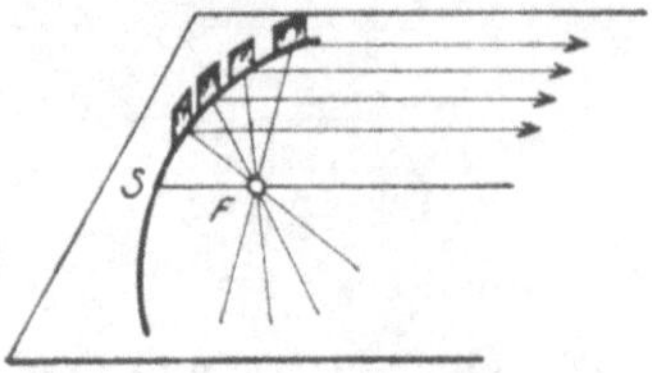

Abb. 127. Kleine Spiegel längs einer Parabel (Skizze)

Für den **Scheinwerfer** ist grundlegend die Umkehrung dieses Satzes: **Jeder vom Brennpunkt ausgehende Strahl wird parallel zur Achse zurückgeworfen.**

Nachweis mit Hilfe von kleinen Spiegeln aus spiegelndem Blech, die längs einer Parabelkurve befestigt werden (Abb. 127).

Beim Scheinwerfer muß daher die Lichtquelle möglichst im Brennpunkte aufgestellt werden, jedoch so, daß sie nach dem Scheitel etwas verschoben werden kann, um für nähere Gegenstände einen auseinandergehenden (divergenten) Lichtkegel erzeugen zu können.

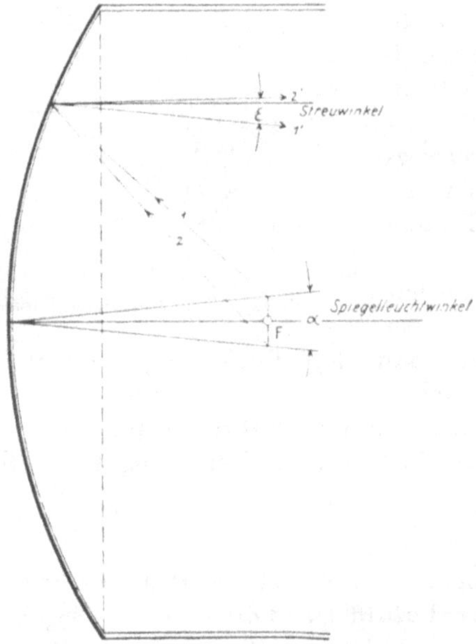

Abb. 128. Parabolspiegel als Scheinwerfer

c) In Abb. 128 ist ein Schnitt durch einen Parabolspiegel des **Scheinwerfergeräts** 150 cm dargestellt. Der Durchmesser des begrenzenden Spiegelkreises beträgt 150 cm, die Brennweite des Spiegels 650 mm = 65 cm. Der Spiegel bildet eine flache Schale, in deren Brennpunkt eine vollautomatische Bogenlampe (Abb. 129) eine Lichtstärke von 1 Milliarde Kerzen entwickelt. Zur Sicherung eines schnellen und dauernden Betriebes liegt neben dem negativen Kohlenstift eine positive Hilfskohle, der sog. **Zündstift**. Der unter b) angeführte grundlegende Satz

[1]) Beim Kugelhohlspiegel gilt das nur annähernd und auch nur unter der Voraussetzung einer kleinen Spiegelöffnung.

für den Scheinwerfer gilt genau nur für punktförmige Lichtquellen. Da aber die Lichtquelle in Wirklichkeit ausgedehnt ist, erzeugt sie in gewissen Grenzen Streulicht. Der Grad der Streuung ist bedingt durch den sog. Spiegelleuchtwinkel α (Abb. 128), dessen Schenkel vom Scheitel S aus nach den äußersten Punkten der Lichtquelle gehen. Durch die ausgedehnte Lichtquelle entstehen Streukegel, deren Öffnungswinkel ε als Streuwinkel bezeichnet wird. Sie nehmen nach dem Rand zu ab und betragen nach dem Rande des Spiegels weniger als $\frac{\alpha}{2}$.

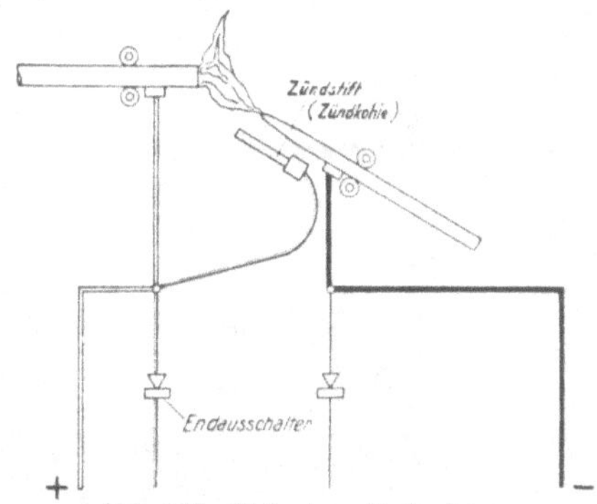

Abb. 129. Vollautomatische Lampe

d) Über die Sichtweite mit verschiedenen Scheinwerfern gibt die Darstellung Abb. 130 Auskunft. Sie zeigt, daß für die Sichtweiten gewisse Grenzen bestehen.

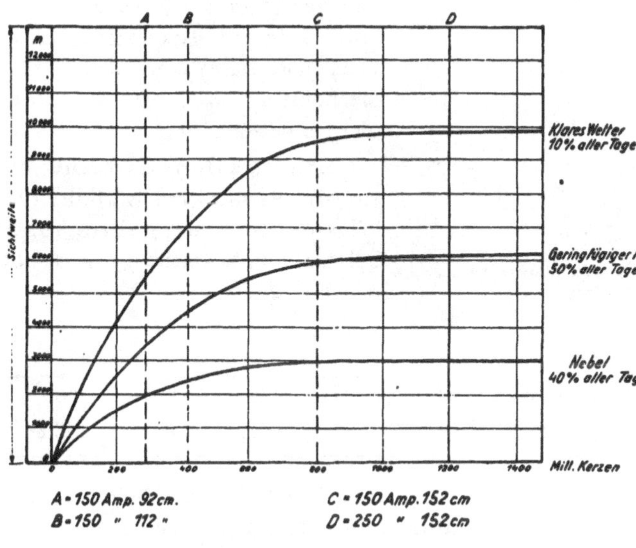

Abb. 130. Sichtweiten mit verschiedenen Scheinwerfern

8. Brechung des Lichtes

a) Versuch mit der Tyndallschen Wanne[1]) (Abb. 131). Läßt man in einem verdunkelten Zimmer durch einen Spalt ein schwaches

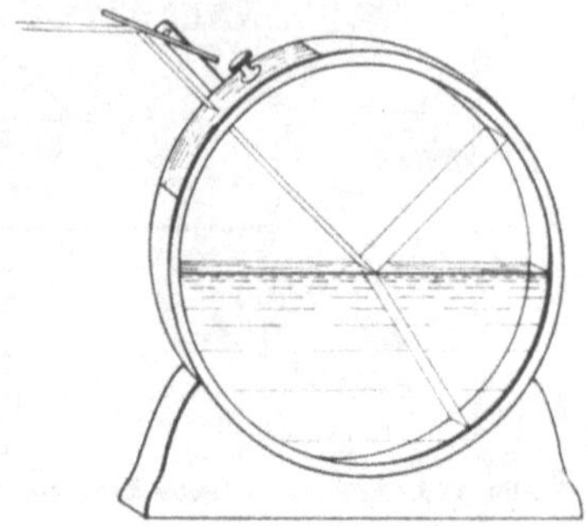

Abb. 131 a. Tyndallsche Wanne

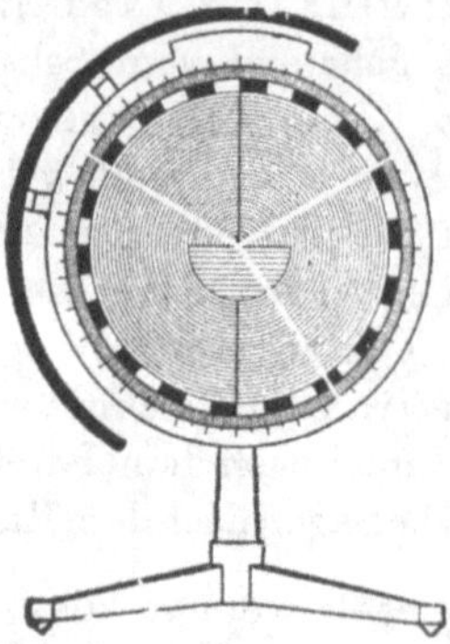

Abb. 131 b. Lichtbrechung und Reflexion zwischen Luft und Glas, Ermittlung der Brechungszahl

Lichtband auf eine Wasserfläche fallen, so wird ein kleiner Teil des Lichtes an der spiegelnden Oberfläche zurückgeworfen. Der größere Teil dringt in das Wasser ein, wird aber von seiner Richtung abgelenkt oder, wie man sagt, gebrochen. Die Erscheinung wird als Brechung des Lichtes bezeichnet.

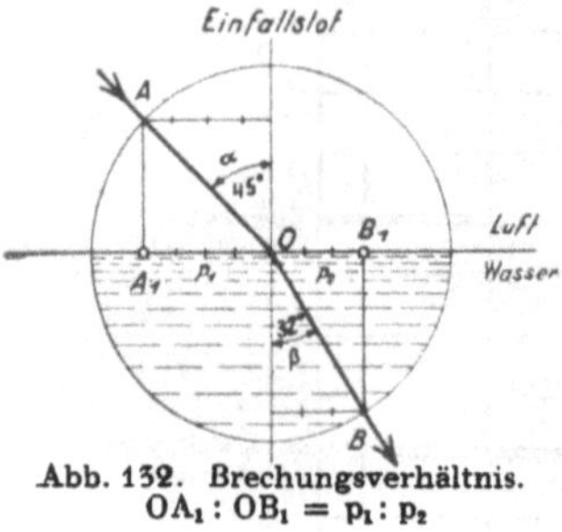

Abb. 132. Brechungsverhältnis. $OA_1 : OB_1 = p_1 : p_2$

Der einfallende Strahl AO (Abb. 132) bildet mit dem Einfallslot den Einfallswinkel α, der gebrochene Strahl OB mit dem Einfallslot den Brechungswinkel β.

Versuchsreihe:

$\alpha = 15^0$	30^0	45^0	60^0	75^0	90^0
$\beta = 11{,}2^0$	22^0	32^0	$40{,}5^0$	$46{,}4^0$	$48{,}6^0$

Vorläufiges Ergebnis: Ein Lichtstrahl wird beim Übergang von Luft in Wasser (Glas) zum Einfallslot hin gebrochen.

---

[1]) Im Notfall genügt eine viereckige Glaswanne. Zur Messung der Winkel α und β benutzt man einen Winkelmesser aus Zellhorn, der rechts an das Einfallslot mit dem Mittelpunkt im Auftreffpunkte geschoben wird. Der Ausfallwinkel des reflektierten Strahles ist gleich α!

b) Welches Gesetz ergibt sich aus der Versuchsreihe zwischen den Winkeln α und β?

Dazu fertige am besten eine Zeichnung auf Millimeterpapier nach Abb. 132 an. Beschreibe um den Auftreffpunkt O einen Kreis mit beliebigem Radius, dann trage den einfallenden Strahl z. B. für $\alpha = 45^0$ und den zugehörigen gebrochenen Strahl für $\beta = 32^0$ ein. Die beiden Strahlen treffen den Kreis in A und B. Nun fällen wir von A und B die Lote auf die Trennungslinie der beiden Medien. $OA_1 = p_1$ und $OB_1 = p_2$ sind die Projektionen von OA und OB. Mißt man p_1 und p_2, so ist immer $p_1 : p_2 = 4 : 3 = 1{,}3$. Das gleiche gilt für alle Winkelpaare. Daraus folgt das

Brechungsgesetz[1]). Ein Lichtstrahl, der von einem Stoff in einen andern übergeht, wird gebrochen. Dabei bilden die Projektionen gleichlanger Strahlenstücke ein festes Verhältnis n, das Brechungsverhältnis oder Brechungszahl heißt.

Brechungszahl n bei Übertritt von Luft in Kronglas $3 : 2 = 1{,}5$; Flintglas 1,7; Diamant 2,5.

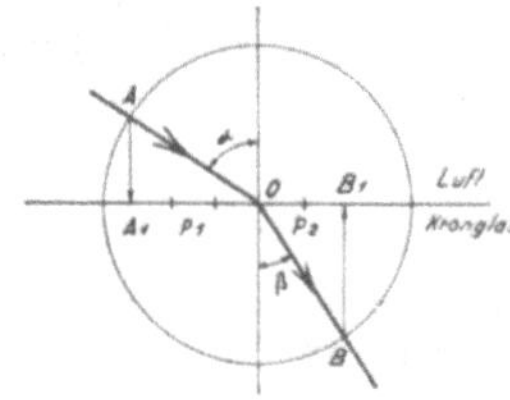

Abb. 132a. Zeichnung des gebrochenen Strahles OB

c) Zeichnung des gebrochenen Strahles (Abb. 132a) beim Übergang von Luft in Kronglas. Gegeben ist der einfallende Strahl OA. Beschreibe um O mit OA als Radius den Kreis, fälle das Lot AA_1 auf die Trennungslinie. Das Weitere entnimm der Abbildung.

d) Durch Versuche an der Hartlschen Scheibe (Abb. 133) kann mit Kronglas leicht gezeigt werden, daß der Strahlengang auch bei der

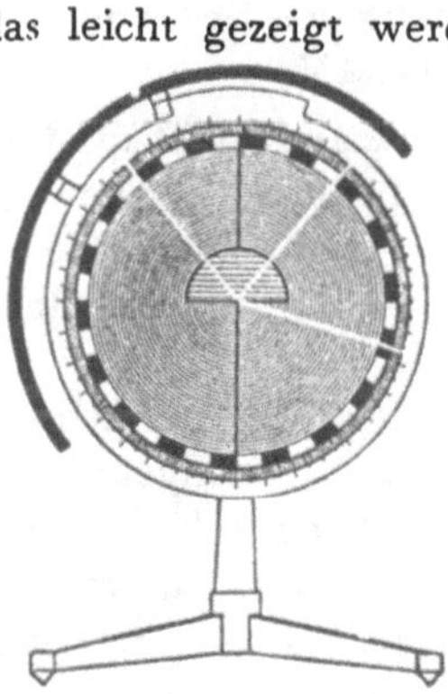
Abb. 133. Lichtbrechung zwischen Glas und Luft

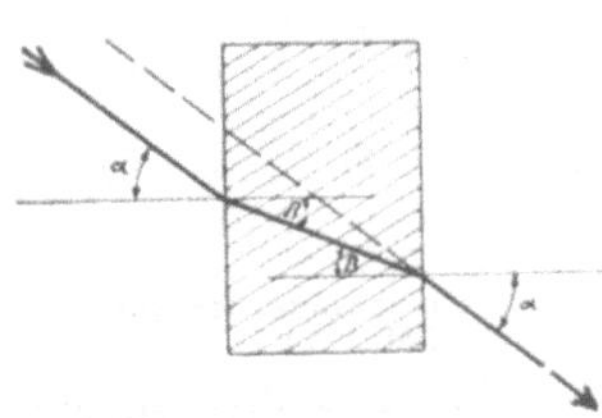
Abb. 134. Planparallele Platte

[1]) Mit Hilfe trigonometrischer Funktionen lautet das Brechungsgesetz einfach:

$$\boxed{\sin\alpha : \sin\beta = n.}$$

Ableitung des Brechungsgesetzes auch mit Hilfe von Glaswürfeln und Nadeln auf einem Zeichenblatt!

Brechung umkehrbar ist. Für den Übertritt von Kronglas in Luft hat die Brechungszahl den umgekehrten Wert $1 : n = 2 : 3$ wie für den Übertritt von Luft in Glas.

Aufgaben. Ein Lichtstrahl tritt 1. von Luft in Kronglas, 2. aus Wasser in Luft. Zeichne den gebrochenen Strahl.

e) Eine Platte heißt planparallel, wenn sie wie eine Fensterscheibe von zwei parallelen ebenen Flächen begrenzt wird (Abb. 134).

Ein Lichtstrahl wird beim Durchgang durch eine planparallele Platte nur verschoben, nicht aber aus seiner Richtung abgelenkt (Abb. 134).

Grund: Die Umkehrbarkeit des Strahlenganges bei der Brechung. Nachweis durch 4-Nadel-Versuch auf Zeichenblatt.

f) Ein Mittel II heißt optisch dichter (dünner) als I, wenn der Lichtstrahl beim Übertritt von I nach II zum Einfallslot hin (weg) gebrochen wird.

Die Dichte der Lufthülle der Erde nimmt nach unten fortgesetzt zu. Schief auftreffendes Licht der Sterne oder der Sonne wird beim Durchgang durch die Lufthülle fortgesetzt zum Einfallslot zu gebrochen. Die Sterne erscheinen daher gehoben (atmosphärische Strahlenbrechung).

Erkläre folgende Erscheinungen: Ein schräg ins Wasser gehaltener Stab erscheint gebrochen. Eine Münze in einer Tasse, die vom Rand noch eben verdeckt wird, wird sichtbar, wenn Wasser eingegossen wird. Das Flimmern entfernter Dinge an heißen Sommertagen.

9. Vollständige Spiegelung an Stelle von Brechung (Totale Reflexion — Abb. 135)

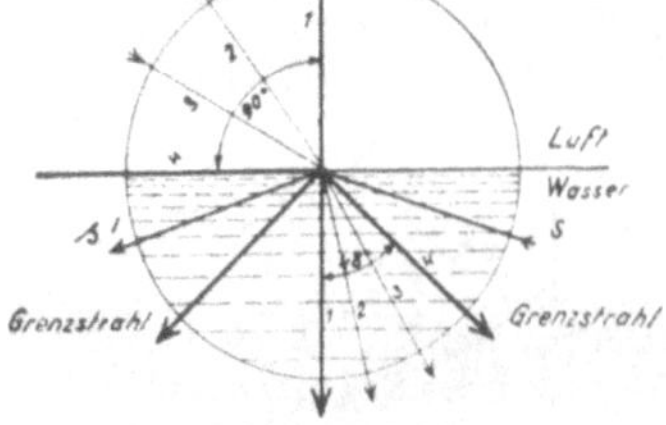

Abb. 135. Grenzwinkel der totalen Reflexion

a) Die Brechungszahl für den Übertritt eines Lichtstrahles von Luft in Wasser ist 4 : 3. Sämtliche Strahlen (1, 2, 3, 4), die in den Raum des rechten Winkels hineinfallen, werden in einen kleineren Winkelraum von 48° im Wasser hineingebrochen (vgl. Abschn. 8). Umgekehrt ist es beim Übertritt von Strahlen vom Wasser in die Luft. Diese werden noch teilweise an der Grenzfläche zurückgeworfen (gestrichelt gezeichnet — Abb. 136). Ein Strahl s, der außerhalb des Grenzwinkels von 48° einfällt, kann nicht in die Luft austreten, er wird vollständig an der Grenzfläche zurückgeworfen (s').

Grenzwinkel für Wasser → Luft 48°, für Kronglas → Luft 42°. Nachweis für Wasser → Luft durch Versuch Abb. 136, für Glas → Luft an der Hartlschen Scheibe (Abb. 137).

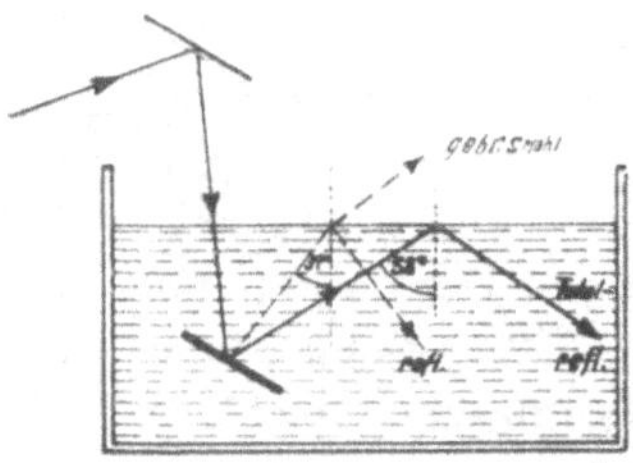

Abb. 136. Totale und teilweise Reflexion

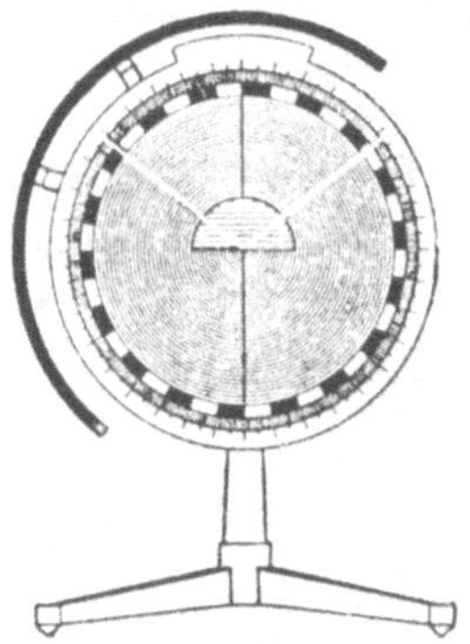

Abb. 137. Totalreflexion im Glas

b) Weitgehende Anwendung der totalen Reflexion bei optischen Geräten, um den Strahlengang ohne Lichtverluste zu ändern, siehe Abschn. 19.

10. Strahlenablenkung durch einen Glaskeil (Prisma)

a) Ein Glaskeil oder (optisches) Prisma (Abb. 138) hat zwei zueinander geneigte ebene Flächen, die brechenden Flächen. Ihre Schnittlinie k, die Schneide des Keils, heißt die brechende Kante

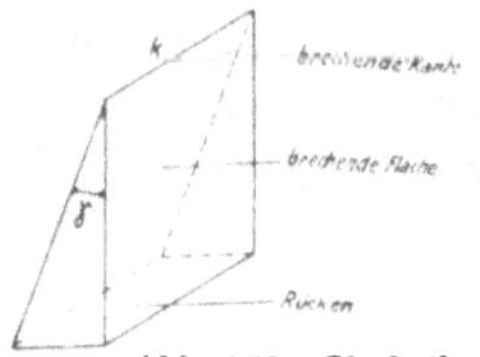

Abb. 138. Glaskeil

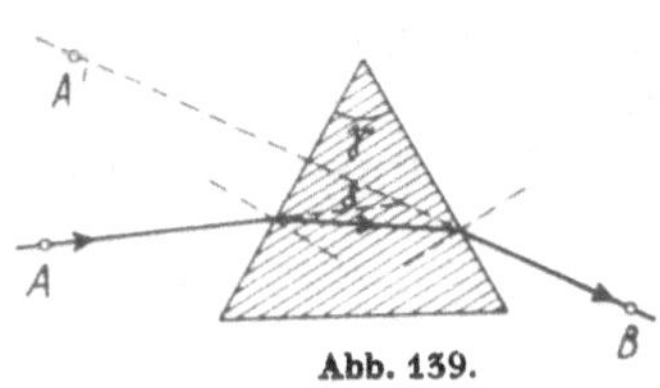

Abb. 139.

und ihr Neigungswinkel γ der Brechungswinkel. Die dritte Fläche ist der Rücken des Glaskeils.

b) In Abb. 139 ist ein Glaskeil im Querschnitt und ein durchgehender Strahl dargestellt. Beim Übertritt in das Glas wird der Lichtstrahl zum Einfallslot hin gebrochen (Brechungszahl 3 : 2). Beim Austritt aus dem Glas zur Luft wird er vom Einfallslot weg gebrochen. Der Strahl erfährt dabei eine zweifache Richtungsänderung.

Ein Lichtstrahl wird beim Durchgang durch einen Glaskeil nach dem Rücken, d. h. nach der dickeren Seite hin abgelenkt.

Ein in B befindliches Auge sieht den leuchtenden Punkt A in der Richtung BA'. Das Scheinbild ist gegen die brechende Kante hin verschoben.

Aufgabe:

1. Bestimme an einem Glaskeil mit Nadeln auf dem Zeichenbrett die Größe der Ablenkung δ für die Einfallswinkel $\alpha = 15^0$, 30^0, 45^0, 60^0 usw. Für welches α ist die Ablenkung am kleinsten?

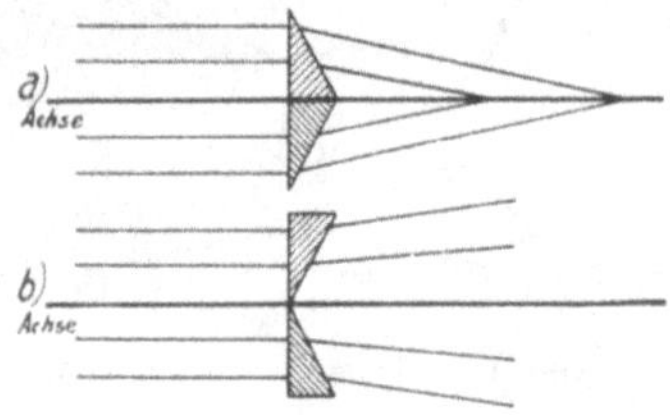

Abb. 140. Wirkung zweier Glaskeile

2. Ein Glaskeil aus Kronglas hat einen brechenden Winkel von 60^0. Zeichne den Durchgang eines Strahls für $\alpha = 50^0$, wenn dieser in der Richtung zu der brechenden Kante 6 cm von dieser entfernt auf eine brechende Fläche trifft.

c) Werden zwei gleiche Glaskeile mit den Rücken zusammengelegt (Abb. 140), so werden parallel zur „Achse" auf das Keilsystem auffallende Strahlen in der aus der Abb. 140a ersichtlichen Weise zusammen gebrochen (gesammelt). Werden dagegen die Glaskeile mit ihren Spitzen zusammengelegt (Abb. 140b), so werden die parallel auftreffenden Strahlen nach dem Durchgang auseinandergebrochen („zerstreut").

11. Brechung durch Linsen

a) Der Strahlenverlauf bei den Doppelkeilen im Vorhergehenden zeigt den Weg zum Aufbau der Linsen und zum Verständnis ihrer Wirkung. Um einen einfachen gesetzmäßigen Verlauf des

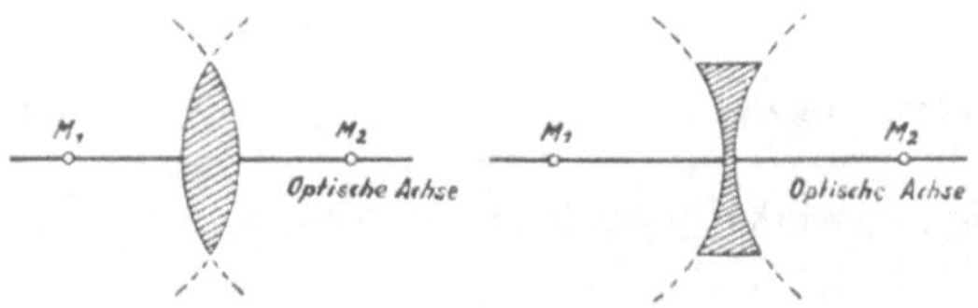

Abb. 141. Entstehung der Linsen

Strahlenganges und gute Abbildungen zu erzielen, gibt man den brechenden Flächen einfache geometrische Formen und gelangt so zu den Linsen (Abb. 141).

Glaslinsen sind begrenzt von einer oder zwei Kugelflächen. Die Verbindungslinie der Mittelpunkte M_1M_2 der Kugelflächen heißt die optische Achse. Ihre Radien sind die sog. Krümmungsradien der Linsenflächen. Man unterscheidet:

1. **Sammellinsen** (Abb. 142). Kennzeichen: in der Mitte dicker als am Rande. Sie werden eingeteilt in bikonvexe (I), plankonvexe (II) und konkavkonvexe (III)[1]).

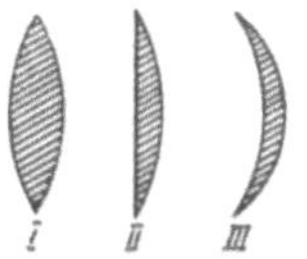

Abb. 142. Sammellinsen

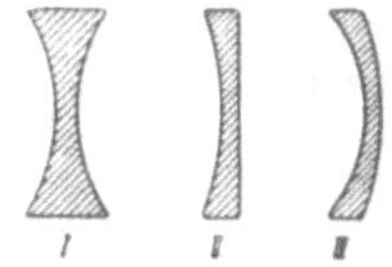

Abb. 143. Zerstreuungslinsen

2. **Zerstreuungslinsen** (Abb 143) Kennzeichen: in der Mitte dünner als am Rande Sie werden eingeteilt in bikonkave (I), plankonkave (II) und konvexkonkave (III)

b) Läßt man auf eine Sammellinse (Abb. 144) z. B. ein Vergrößerungsglas parallel zur Achse ein Bündel Sonnenstrahlen auf-

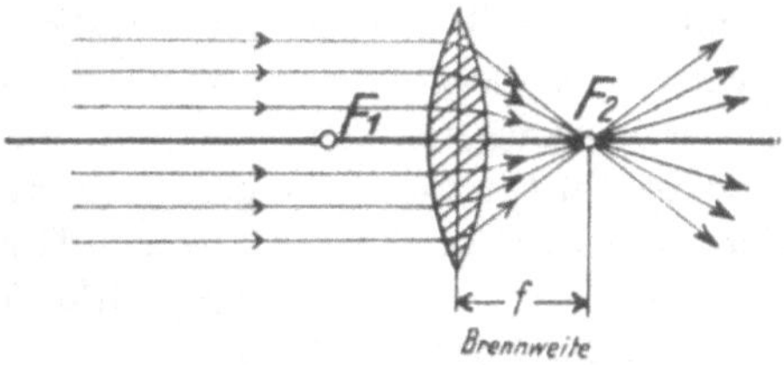

Abb. 144. Strahlengang achsenparalleler Strahlen. Brennpunkte und Brennweiten von Sammellinsen

fallen, die durch Rauch gut sichtbar gemacht werden können, so vereinigen sich die Strahlen nach dem Durchgang auf der anderen Seite zu einem Kegel mit der Spitze F_2. Dieser Punkt, der ein kleines Bild der Sonne darstellt (mit Papierschirm auffangen!), ist durch große Helligkeit und Hitze gekennzeichnet, und heißt der Brennpunkt. Sein Abstand von der Mittelebene der Linse ist die Brennweite f und die durch F_2 gehende parallele Ebene zur Mittelebene die Brennebene.

Bei der Sammellinse werden parallel zur Achse auffallende Strahlen auf der andern Seite im Brennpunkt vereinigt.

[1]) bis (lat.) = doppelt, convexus (lat.) = gewölbt, planus (lat.) = eben, concavus (lat.) = hohl.

Die Größe der Brennweite ist um so bedeutender, je flacher die brechenden Flächen (kleiner Keilwinkel) gewölbt sind, um so kleiner, je stärker ihre Wölbung ist (großer Keilwinkel).

Da bei der Linse die Parallelstrahlen sowohl von links wie auch von rechts auftreffen können, so ergibt sich:

Jede Linse hat zwei Brennpunkte. Ihre Brennweiten sind gleich groß, wenn auch die brechenden Flächen verschiedene Radien haben.

Nachweis durch Versuche, am einfachsten an der optischen Scheibe nach Hartl.

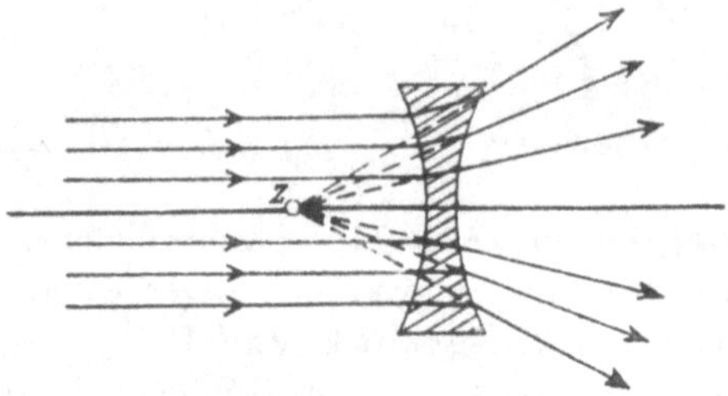

Abb. 145. Strahlengang achsenparalleler Strahlen. Zerstreuungspunkt einer Zerstreuungslinse

c) Bei der Zerstreuungslinse werden parallel zur Achse auftreffende Strahlen nach der dickeren Seite abgelenkt, also zerstreut, so daß die rückwärts verlängerten austretenden Strahlen von einem Punkte Z auf der Achse zu kommen scheinen. Z heißt der Zerstreuungspunkt oder scheinbare Brennpunkt. Die Wirkung der Zerstreuungslinse erklärt sich aus der Doppelkeilform (Abb. 145).

Versuche an der optischen Scheibe.

12. Bilder bei Sammellinsen und ihre Zeichnung

a) Bestätigende Versuche an der optischen Bank [1]).

Wir rücken eine kleine Lichtquelle, den Gegenstand G, z. B. eine kleine Kerze oder Taschenlampe, aus größerer Entfernung auf eine Sammellinse zu und suchen auf der anderen Seite mit einem Schirm das Bild aufzufangen.

Gegenstandsweite g = Abstand des Gegenstandes von der Linse.

Bildweite b = Abstand des Bildes von der Linse.

1. Gegenstand außerhalb der Brennweite ($g > f$) Abb. 146.

Die Lichtquelle erzeugt auf der anderen Seite der Linse zusammengehendes (konvergentes) Licht. Die gebrochenen Strahlen treffen sich

[1]) d. i. eine mit Zentimeterteilung versehene waagerechte Leiste, auf der Linsen, Lichtquellen und Schirme mit Hilfe kleiner Aufsätze verschoben werden können.

wirklich und ergeben auf der anderen Seite ein wirkliches (reelles) und umgekehrtes Bild, das frei im Raume schwebt und daher auf-

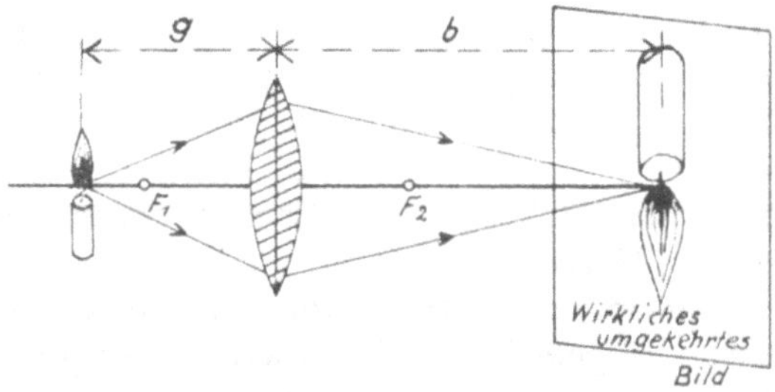

Abb. 146. Lichtquelle außerhalb der Brennweite gibt konvergentes Licht; wirkliches Bild

gefangen werden kann. Rückt G von ∞ bis F_1, so wandert B von F_2 nach ∞ rechts.

Eine Lichtquelle außerhalb der Brennweite erzeugt zusammengehendes (konvergentes) Licht.

2. Gegenstand (Lichtquelle) im Brennpunkte ($g = f$), Abb. 147.

Der Versuch ergibt:

Eine Lichtquelle im Brennpunkte erzeugt paralleles Licht.

Das war auch schon nach dem Versuch Abschn. 11b infolge der Umkehrbarkeit des Strahlenganges zu erwarten. Die Linse

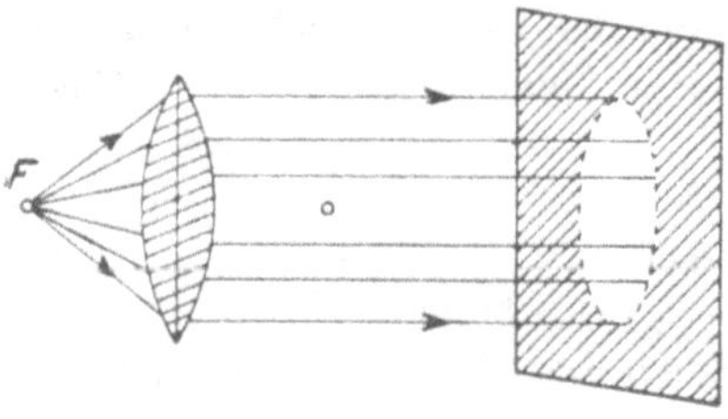

Abb. 147. Lichtquelle in der Brennweite gibt paralleles Licht; kein Bild

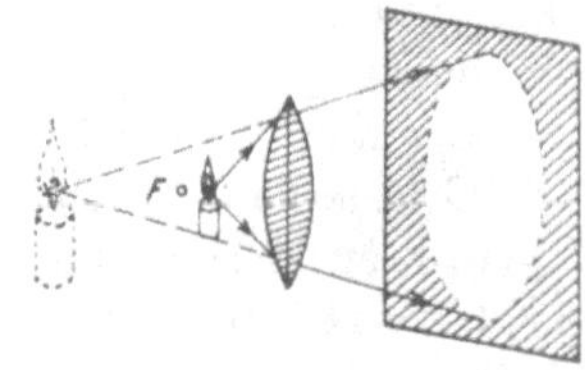

Abb. 148. Lichtquelle innerhalb der Brennweite gibt divergentes Licht; nicht wirkliches Bild

ist ein Hilfsmittel, um paralleles Licht zu erzeugen. Wir erhalten kein Bild, doch zeigt schon der Lichtkreis auf dem Schirm, der bei punktförmiger Lichtquelle gleich der Linsenfläche ist, daß auf der anderen Seite paralleles Licht entsteht.

3. Gegenstand (Lichtquelle) innerhalb der Brennweite ($g<f$), Abb. 148.

Die gebrochenen Strahlen gehen auseinander, sie „divergieren“. Das zeigt auch der Lichtkreis auf dem Schirm, der jetzt größer als die Linse ist.

Eine Lichtquelle innerhalb der Brennweite erzeugt auseinandergehendes (divergentes) Licht.

Die Strahlen können daher kein wirkliches Bild ergeben. Ein hinter der Linse befindliches Auge sieht ein aufrechtes, vergrößertes Scheinbild (B), das von der Linse weiter entfernt ist als G.

Verwendung der Linse als Vergrößerungsglas.

Bemerkung. Bei dünnen Linsen gilt noch das für die Zeichnung der Bilder wichtige Gesetz:

Ein Hauptstrahl, d. i. ein Strahl, der durch den Mittelpunkt der Linse hindurchgeht, geht in gleicher Richtung weiter.

Denn eine Linse wirkt in der Mitte wie eine planparallele Platte.

Entsprechende Punkte vom Gegenstand und Bild liegen auf Hauptstrahlen.

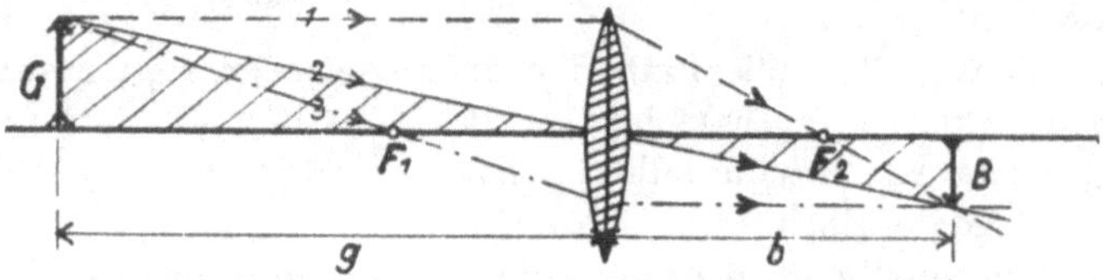

Abb. 149. Zeichnung des Bildes (Gegenstandsweite $g > f$)

b) Für die Zeichnung eines Bildpunktes werden der Parallelstrahl (1), der Hauptstrahl (2) und der Brennstrahl (3) benutzt. Zwei sind nur erforderlich. Es werden zwei Beispiele der Bildkonstruktion gegeben:

1. G außerhalb der Brennweite, Abb. 149.
2. G innerhalb der Brennweite, Abb. 150.

Man braucht dabei nur die Bildregel zu beachten: Der Parallelstrahl wird Brennstrahl und umgekehrt, der Hauptstrahl bleibt.

c) Linsenformel.

Zwischen der Gegenstandsweite g, der Bildweite b und der Brennweite f besteht die Beziehung:

$$\boxed{\frac{1}{g} + \frac{1}{b} = \frac{1}{f}}$$

Die Summe der umgekehrten Werte der Gegenstands- und Bildweite ist gleich dem umgekehrten Wert der Brennweite.

Versuche ergeben: Die Summe der umgekehrten Werte von g

und b hat immer denselben festen Betrag $\frac{1}{f}$. f kann daher aus g und b bestimmt werden.

Der Wert $\frac{1}{f}$ (in m angegeben) heißt Dioptrie.

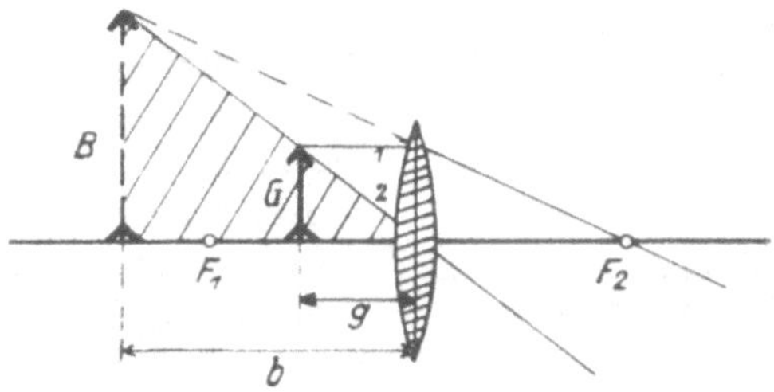

Abb. 150. Zeichnung des Bildes (Gegenstandsweite $g < f$)

d) Die Bildgröße.

Aus der Ähnlichkeit der beiden schraffierten Dreiecke in Abb. 149 und 150 ergibt sich

$\frac{\text{Bildgröße}}{\text{Gegenstandsgröße}} = \frac{\text{Bildweite}}{\text{Gegenstandsweite}}$	$\frac{B}{G} = \frac{b}{g}$

Anwendung einfacher Sammellinsen z. B. als Vergrößerungsglas, als Brillengläser für Weitsichtige, beim Bildwerfer usw. Die Linsengesetze gelten nur, wenn die Strahlen mit der Achse kleine Winkel bilden. Bei den Zeichnungen ist darauf keine Rücksicht genommen.

Aufgaben:

1. Eine Sammellinse hat die Brennweite f = 36 cm. Der Gegenstand ist 2 cm hoch. Zeichne das Bild, wenn g = 120, 80, 40, 20 cm ist und bestimme die Bildgröße.
2. Bestimme die Brennweite einer Linse, wenn ein Gegenstand (g = 25 cm) in der Entfernung b = 45 cm ein wirkliches Bild hat (f ≈ 16 cm).

13. Bilder bei Zerstreuungslinsen

a) Versuch.

Nähere eine Kerze oder elektrische Taschenlampe der Linse. Die Strahlen gehen nach dem Durchgang durch die Linse auseinander. Nachweis mit der optischen Scheibe. Der Beobachter auf der dem Gegenstand entgegengesetzten Seite der Linse erblickt ein verkleinertes, aufrechtes Scheinbild, das stark genähert ist.

Eine Zerstreuungslinse erzeugt nur Scheinbilder. Sie sind aufrecht und verkleinert und liegen in dem Raum zwischen Linse und Zerstreuungspunkt auf der gleichen Seite wie der Gegenstand.

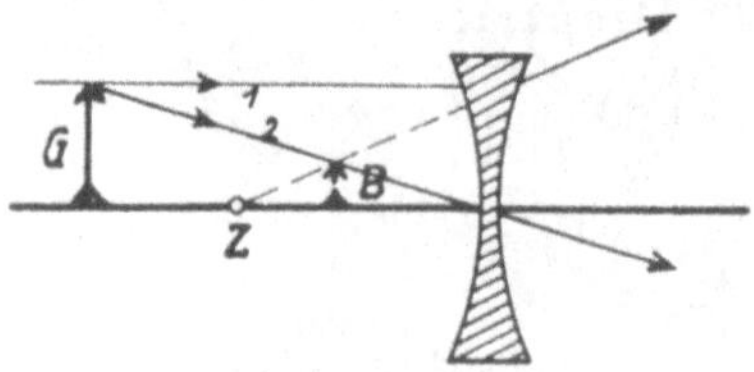

Abb. 151. Zeichnung des Bildes bei der Zerstreuungslinse

b) Die Zeichnung der Bilder eines Gegenstandes (Abb. 151). Dabei ist zu beachten:

1. Zur Achse parallele Strahlen werden so gebrochen, als ob sie vom scheinbaren Brennpunkt herkämen.
2. Hauptstrahlen gehen ungebrochen hindurch.

14. Farbenzerstreuung bei Glaskeilen und Linsen. Farbenreine Glaskeile und Linsen

a) Beim Durchgang durch einen Glaskeil (Abb. 152, Versuch 1) wird weißes Licht in zahlreiche Farben zerlegt, die das sog. Spektrum[1]) bilden. Die Hauptfarben sind rot, orange, gelb, grün, blau, indigo und violett.

Versuch 1 (Abb. 152):

Wir lassen ein Bündel Sonnenstrahlen durch einen schmalen Spalt in ein verdunkeltes Zimmer auf einen Glaskeil fallen. Statt des hellen Spaltbildes erhalten wir ein farbiges Band. Am wenigsten wird rot, am stärksten violett abgelenkt. Der Glaskeil lenkt nicht nur Strahlen ab, sondern zerlegt sie in ihre Einzelfarben.

Versuch 2:

Wir lassen ein breites Lichtband durch eine Sammellinse fallen und fangen es vor dem Brennpunkt auf. Das Bild erscheint rot umrandet, hinter dem Brennpunkt jedoch violett.

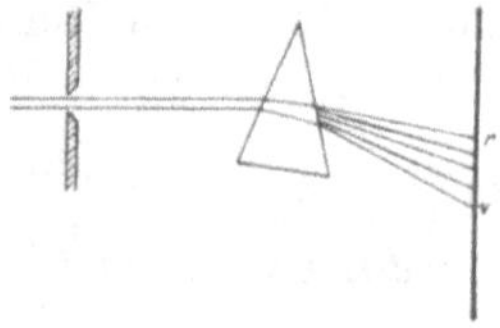
Abb. 152. Farbenzerstreuung durch das Prisma

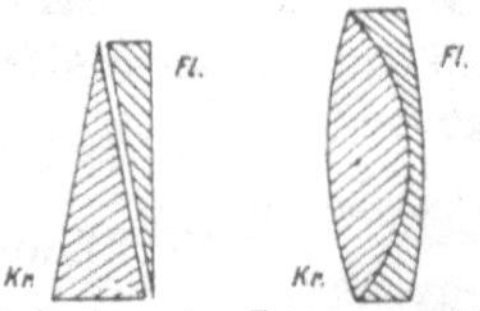

Abb. 153. Farbenreine Prismen und Linsen

b) Die Farbenzerstreuung wirkt bei Prismen und Linsen störend. Deswegen setzt man Glaskeile und -linsen aus verschieden stark brechenden Stoffen zusammen, insbesondere Kron- und Flintglas (Abb. 153), so daß sie die Lichtstrahlen wohl ablenken, aber nicht in

[1]) Von spectrum (lat.) = Bild.

Farben zerlegen. Solche Glaskeile oder Linsen heißen farbenrein (achromatisch)[1]).

15. Der fotografische Apparat. Der Bildwerfer

a) Der fotografische Apparat (Abb. 154) ist ein ausziehbarer, lichtdichter Kasten (Dunkelkammer). In der Vorderwand befindet sich das Objektiv O, eine Sammellinse oder ein Linsensystem. Die Hinter-

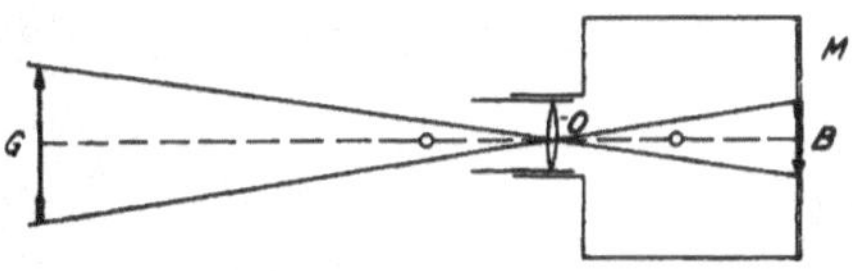

Abb. 154. Fotografische Dunkelkammer

wand besteht aus einer Mattscheibe M zum scharfen Einstellen. Bei der Aufnahme wird sie durch die lichtempfindliche Platte ersetzt, auf die man das vom Gegenstand ausgehende Licht eine gewisse kurze Zeit (Belichtungsdauer) wirken läßt.

Der Gegenstand muß außerhalb der vorderen Brennweite aufgestellt werden und erzeugt zunächst auf der Mattscheibe ein umgekehrtes wirkliches Bild.

Bei den Aufnahmen liegen im allgemeinen nicht alle Gegenstände in der gleichen, zur optischen Achse des Gerätes senkrechten Ebene, sondern in verschiedener Tiefe. Durch Verwendung von Blenden (Irisblenden!) wird die Tiefenschärfe des Apparates vergrößert.

b) Der Bildwerfer (Projektionsapparat) dient dazu, kleinere Glasbilder (Diapositive) oder (undurchsichtige) Bilder und Zeichnungen unmittelbar vergrößert auf einem Schirm abzubilden. Die neueren Bildwerfer sind für beide Aufgaben zugleich eingerichtet. Die Wirkungsweise ergibt sich leicht am Gerät. Bei der Abbildung von Glasbildern ist vor die Linse noch ein sog. Kondensor (Verdichter) geschoben, der den Zweck hat, alle durch ihn gehenden Strahlen auf die Linse zu vereinen.

16. Das Auge und der Sehvorgang. Sehstörungen

a) Bau des Auges.

In Abb. 155 ist ein waagerechter Schnitt durch das rechte Auge gegeben. Der Augapfel ist von einer Reihe von schützenden Häuten umgeben. Die Aderhaut geht vorn in die verschiedenstrahlig gefärbte

[1]) Nichtfarbig.

Regenbogenhaut (die Iris) über, die in der Mitte das Sehloch, die Pupille hat. Sie erscheint infolge des dunklen Hintergrundes schwarz und verengert oder erweitert sich entsprechend bei starkem oder schwachem Licht. Sie wirkt als Blende, die nur so viel Licht ins Auge fallen läßt, wie zum deutlichen Sehen erforderlich ist. Am unteren

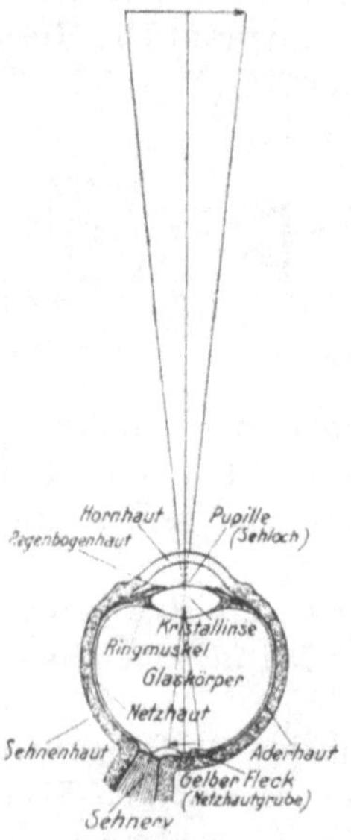

Abb. 155.
Waagerechter Schnitt durch das rechte Auge

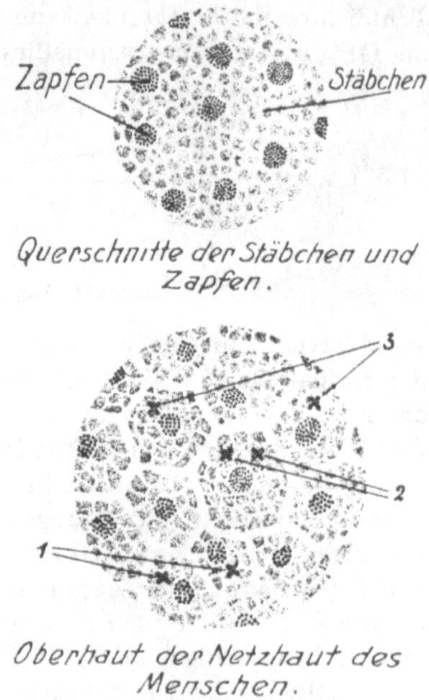

Abb. 156.

Ende des Augapfels tritt der Sehnerv ein und breitet sich als dritte Hauptschicht mit der Bezeichnung Netzhaut auf der Innenseite der Aderhaut aus. Die Netzhaut besteht aus zahlreichen sehr feinen Nervenenden, den Stäbchen und Zapfen (Abb. 156), die ganz besonders lichtempfindlich sind (vgl. fotografische Platte). Diese sind am dichtesten in dem sog. gelben Fleck der Netzhaut, der in der Augenachse liegt. Diese Stelle ist für Licht und Farben sehr empfindlich und heißt wegen ihrer Form Netzhautgrube. An der Eintrittsstelle des Nerven fehlen die Sehstäbchen. Die Stelle ist daher für Licht unempfindlich und heißt blinder Fleck. Der Nachweis ist bekannt. Unmittelbar hinter der Regenbogenhaut liegt die Augen- oder Kristalllinse. Der Raum vor ihr, die vordere Augenkammer, ist mit einer wässerigen, farblosen Flüssigkeit, der Raum hinter ihr mit einer gallertartigen, durchsichtigen Masse, dem Glaskörper, ausgefüllt.

Die Verbindungslinie der Mitte der Pupille und des gelben Fleckes ist die Augenachse.

b) Sehvorgang.

Das Auge gleicht im Bau einer Dunkelkammer des fotografischen Apparates. Wie bei dieser die Linse auf der Mattscheibe ein umgekehrtes und verkleinertes Bild des Gegenstandes erzeugt, so ruft auch die Kristallinse des Auges ein umgekehrtes Bildchen auf der Netzhaut hervor. Der Sehnerv leitet den Reiz zum Gehirn und bringt ihn dort zur Wahrnehmung (zum Bewußtsein). Wir „sehen“, und zwar erscheint uns der Gegenstand in „richtiger“ Lage.

Die Scharfeinstellung des Bildes erfolgt beim Auge selbst. Denn das Auge besitzt eine Einrichtung, durch die es die Brennweite seiner Linse in gewissen Grenzen ändern kann. Das geschieht durch einen Ringmuskel, der die Linse je nach der Entfernung des Gegenstandes mehr oder weniger stark krümmen kann. Diese Fähigkeit heißt Anpassung oder Akkomodation[1]) des Auges.

c) Grenze der Sehschärfe.

Ebenso wie die Schärfe des fotografischen Bildes von der Feinheit der Körnung der Platte abhängig ist und Aufnahmen nicht über ein bestimmes Maß hinaus gemacht werden können, so ist auch wegen der unter a) erwähnten Stäbchen und Zapfen (vergrößerte Abb. 156) die Wahrnehmungsfähigkeit begrenzt. Wird nur ein Stäbchen erregt, so wird die Lichtquelle oder der erregende Gegenstand nicht ausgedehnt, sondern nur als Punkt gesehen. Rückt der Gegenstand so nahe, daß sich sein Bild auf zwei oder mehr Zäpfchen erstreckt, so sieht das Auge den Gegenstand ausgedehnt. Wird ein waagerecht und quer zum Auge liegender Stab von 1 m Länge, der an seinen Enden zwei sehr helle punktförmige Lichtquellen trägt, immer weiter vom Auge fortgeführt, so rücken die getrennten Lichtpunkte für das Auge immer mehr zusammen. Erst in einer Entfernung von 3440 m werden die Lichtpunkte an den Enden nur als ein Lichtpunkt wahrgenommen. Auf diese Entfernung erscheint dem Beobachter 1 m unter einem Sehwinkel von etwa $1' = 60''$. Dieser Sehwinkel bezeichnet also die Grenze der Sehschärfe. Es ist der physiologische Grenzwinkel, d. h. der durch den Bau des menschlichen Auges bedingte Sehwinkel[2]), der von besonderer Bedeutung für die mit Entfernungsmeßgeräten erreichbare Meßgenauigkeit ist. Um eine Anschauung einer Winkelsekunde zu geben, die bei der Be-

[1]) Von accomodare (lat.) = anpassen.

[2]) d. i. der Winkel nach den Endpunkten des Gegenstandes. Die mittlere Breitenwahrnehmung wird jedoch mit 30″ angegeben.

urteilung von Entfernungsmeßreihen eine große Rolle spielt, sei nebenbei bemerkt, daß nach dem Vorhergehenden 1 m auf 200000 m einem Sehwinkel von etwa 1″ entspricht.

Demnach muß man, um Gegenstände, die unter einem kleineren Sehwinkel als 10″ erscheinen, noch wahrnehmen zu können, den Sehwinkel künstlich vergrößern. Das geschieht mit Hilfe der optischen Geräte. Dabei dürfen die Bilder nicht beliebig nahe an das Auge herangebracht werden, da sich die Augenlinsen nicht beliebig stark krümmen lassen. Die kürzeste Entfernung, in der Bilder dem Auge ohne besondere Anstrengung deutlich erscheinen, heißt die „deutliche Sehweite". Sie beträgt beim normalen Auge etwa 24 cm.

d) Sehstörungen.

Bei weitsichtigen Augen (mangelnde Wölbfähigkeit) oder übersichtigen Augen (Augapfel zu kurz) erzeugen Gegenstände aus „deutlicher Sehweite" Bilder hinter der Netzhaut (Abb. 157a). Die

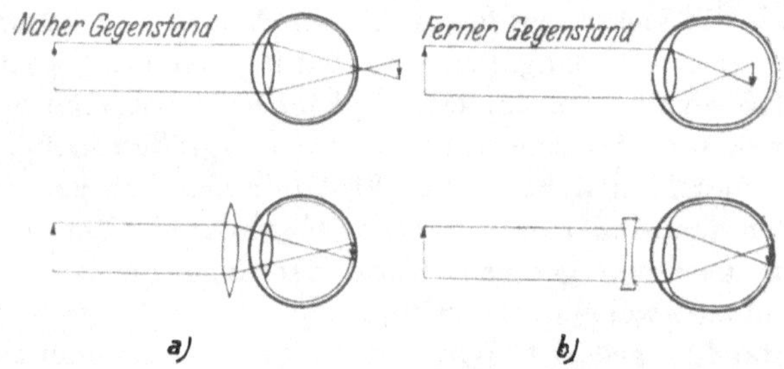

Abb. 157. a) Weitsichtiges; b) kurzsichtiges Auge ohne und mit Brille

mangelnde Brechkraft des Auges wird durch Brillen mit erhabenen Gläsern ausgeglichen.

Bei kurzsichtigen Augen (mangelnde Fähigkeit der Linse, sich abzuflachen, oder Augapfel zu lang) entstehen die Bilder entfernterer Gegenstände vor der Netzhaut (Abb. 157b). Beseitigung des Mangels durch Brillen mit hohlgeschliffenen Gläsern.

17. Einfache optische Geräte

a) Das Vergrößerungsglas (die Lupe) ist eine Sammellinse mit kleiner Brennweite (Abb. 158), die von einem kleinen Gegenstande ein vergrößertes Scheinbild in deutlicher Sehweite (24 cm vom Auge) liefern soll (siehe Abschnitt über das Auge 16c). Ein dem Auge zu nahe gebrachter kleiner Gegenstand erzeugt erst hinter der Netzhaut ein scharfes Bild. Die Sammellinse bewirkt eine frühere Vereinigung der vom Gegenstand ausgehenden Strahlen auf der Netzhaut. Der Gegenstand innerhalb der Brennweite erscheint daher größer als ohne Linse.

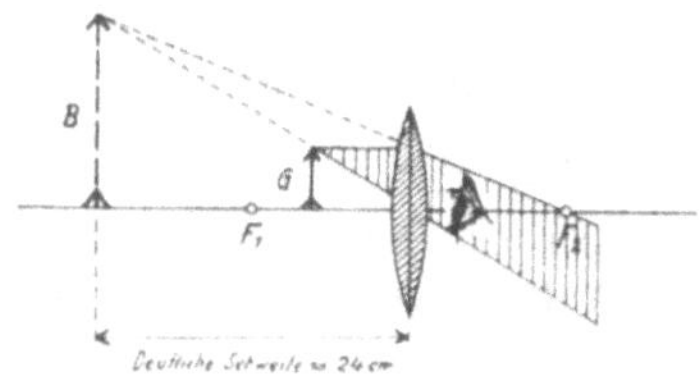

Abb. 158. Strahlengang bei der Lupe

$$\text{Vergrößerung } V = \frac{\text{deutliche Sehweite } d}{\text{Brennweite } f}$$

Bestimmung der Vergrößerungszahl: Betrachte durch das Vergrößerungsglas einen Bleistift (0,7 cm dick) oder einen 1 cm breiten Papierstreifen zu einem senkrecht dazu gelegten Maßstab in deutlicher Sehweite und stelle durch Vorbeiblicken fest, wieviel Zentimeter der Streifen deckt.

b) Das Keplersche oder astronomische Fernrohr (Abb. 159) in seiner einfachsten Form besteht aus zwei Sammellinsen. Die nach dem Gegenstand oder Objekt gerichtete Linse, das Objektiv, hat eine große Brennweite, die dem Auge zugekehrte Linse, das Okular[1]),

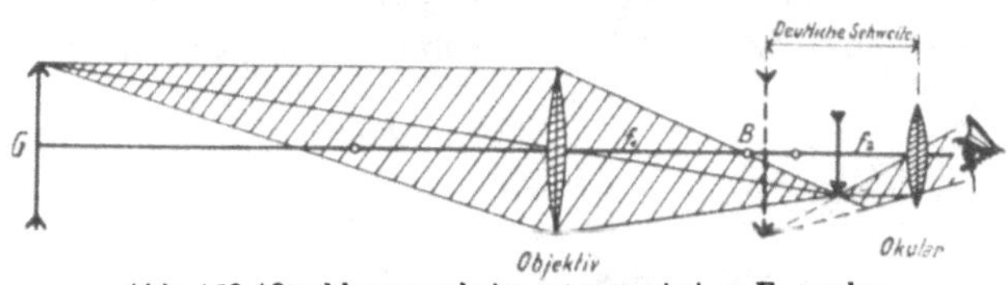

Abb. 159. Strahlengang beim astronomischen Fernrohr

dagegen eine kleine Brennweite. Das Okular wird vielfach durch ein Linsensystem, d. i. eine Zusammenstellung mehrerer Linsen, ersetzt. Den Strahlengang zeigt schematisch die Abb. 159. Okular und Objektiv sind durch ausziehbare Rohre so miteinander verbunden, daß ihr Abstand annähernd gleich der Summe ihrer Brennweiten $f_1 + f_2$ ist.

Wirkungsweise: Das Objektiv erzeugt vom sehr weit entfernten Gegenstande G ein umgekehrtes verkleinertes Bild außerhalb seiner Brennweite f_1, aber in unmittelbarer Nähe von seinem Brennpunkte. Das Bild, das innerhalb der Brennweite des Okulars liegt, wird durch das als Lupe wirkende Okular betrachtet, das ein vergrößertes Schein-

[1]) Von oculus (lat.) = Auge.

bild in deutlicher Sehweite liefert. Die Gegenstände erscheinen umgekehrt, was den Astronomen nicht stört.

c) Das Erdfernrohr (terrestrische Fernrohr)[1], das zur Beobachtung entfernter Gegenstände auf der Erde dient (Abb. 160), zeigt durch Einfügung einer dritten Linse, der sog. Umkehrlinse, auf-

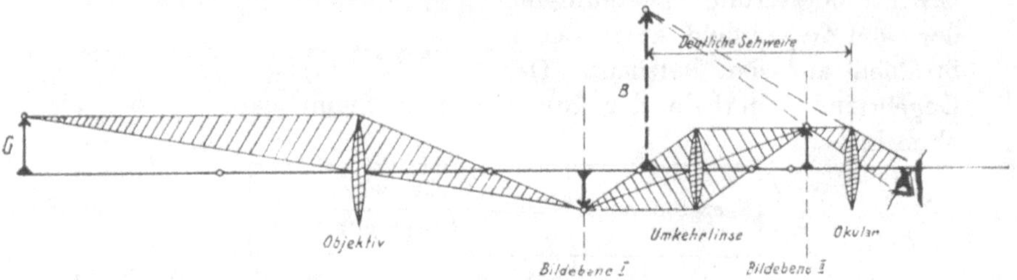

Abb. 160. Umkehrsystem im Erdfernrohr

rechte Bilder. Diese Umkehrlinse erzeugt von dem umgekehrten Bilde des Objektivs wieder ein aufrechtes Bild in der Nähe des Okularbrennpunktes.

d) Das holländische oder Galileische Fernrohr (Abb. 161), erfunden von einem holländischen Brillenmacher, liefert ebenfalls unmittelbar aufrechte Bilder. Es besteht aus einer Sammellinse als Objektiv und einer Zerstreuungslinse als Okular. Diese zerstreut die aus dem Objektiv kommenden zusammenlaufenden

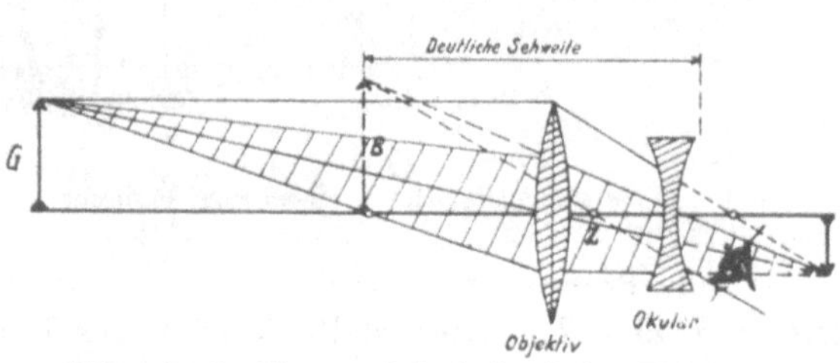

Abb. 161. Strahlengang beim holländischen Fernrohr

(konvergenten) Strahlen vor ihrer Vereinigung zum Bilde und erzeugt ein aufrechtes Scheinbild in der deutlichen Sehweite. Das Okular befindet sich innerhalb der Brennweite des Objektivs.

Herstellung eines Modells aus einer Konvexlinse ($f_1 = 60$ cm) und einer Konkavlinse ($f_2 = 12$ cm).

Anwendung als Feldstecher und Theaterglas.

[1]) Von terrestris (lat.) = zur Erde gehörig.

18. Vergrößerung, Gesichtsfeld und Helligkeit der Fernrohre

a) Vergrößerung.

Alle optischen Instrumente, die der Vergrößerung dienen, wie Lupe und Fernrohre (Mikroskope), haben den Zweck, von einem kleinen oder entfernten Gegenstand ein größeres Netzhautbild zu erzeugen, als ohne Instrument entsteht. Diese Vergrößerung wird erreicht durch Vergrößerung des Sehwinkels.

Ein optisches Gerät vergrößert z. B. V = 6fach, wenn die Netzhautbildgröße B_m mit Instrument 6mal so groß ist wie die Netzhautbildgröße ohne Instrument B_0, also

$$\text{Vergrößerung } V = \frac{B_m}{B_0}$$

Bei den Fernrohren ist die Vergrößerung ungefähr gleich dem Quotienten der Brennweiten von Objektiv (Gegenstandslinse) und Okular. Man bestimmt die Vergrößerung, indem man mit dem einen Auge durch das Fernrohr, mit dem anderen daran vorbei nach dem Gegenstand, z. B. einem Dache, sieht.

$$V = \frac{f_g}{f_0}$$

b) Gesichtsfeld.

Das Auge vermag mit einem Blick ein Gesichtsfeld (Sehfeld) bis höchstens 60° aufzunehmen. Hat nun ein Fernrohr eine 6fache Vergrößerung, so erscheint der betrachtete Geländeausschnitt auch 6mal so groß wie beim Sehen mit bloßem Auge. Man übersieht daher von der Gegend nicht etwa 60°, sondern nur den sechsten Teil, also 10°. Dieser Ausschnitt von 10° bezeichnet das dingseitige oder wahre Gesichtsfeld. Ganz allgemein erhält man das wahre Gesichtsfeld, indem man das „scheinbare" Gesichtsfeld durch die Vergrößerungszahl teilt. Zu bemerken ist noch, daß es technisch unmöglich ist, Okulare herzustellen, mit denen man einen Ausschnitt von mehr als 50° bis 60° auf einmal übersehen kann.

c) Helligkeit.

Beim Sehen durch ein Fernrohr muß das gesamte durch das Objektiv gehende Licht, soweit es nicht verschluckt wird, durch das Okular gehen und gelangt dann in das beobachtende Auge. Das in das Auge kommende Licht ist also durch die Größe der Eintritts- und Austrittsöffnung (Objektiv, Okular) beschränkt.

Je größer der Objektivdurchmesser bei gleichbleibender Vergrößerung ist, um so heller ist das entworfene Bild. Dagegen wird bei Erhöhung der Vergrößerung das Licht über einen größeren Ausschnitt verteilt. Die Helligkeit des Bildes nimmt also ab. Die Eintritts- und Austrittsöffnungen bezeichnet man auch als „Eintritts-“ bzw. „Austrittspupille“ (E.P. bzw. A.P.). Zwischen diesen besteht die Beziehung, wenn V die Vergrößerung bedeutet:

$$A \cdot P = \frac{E \cdot P}{V}.$$

Die Größe der Austrittspupille stellt ein Maß für die „Helligkeit“ dar. Dabei ist vorausgesetzt, daß keinerlei Lichtverluste eintreten. Beim Durchgang durch eine Linse gehen bei der Ein- und Austrittsfläche etwa je 4% verloren, so daß noch 92% der ursprünglichen Lichtstärke übrig sind. Beim Entfernungsmeßgerät verschlucken die eingebauten Glasteile 60 bis 70% Licht.

19. Rechtwinkliges Prisma (Dreikantprisma) und Prismenumkehrsystem. Doppel- und Scherenfernrohr

a) Die Erscheinung der totalen Zurückwerfung spielt bei den heutigen militärisch wertvollen Ferngläsern eine grundlegende Rolle. Sie wird bei rechtwinkligen Prismen (Rechtwinkelprismen) sowohl zur Umwendung der Lichtstrahlen um 90° und 180°, als auch zur Bildumkehr benutzt. Ein solches Prisma (Abb. 162) bildet im Querschnitt ein gleichschenklig-rechtwinkliges Dreieck.

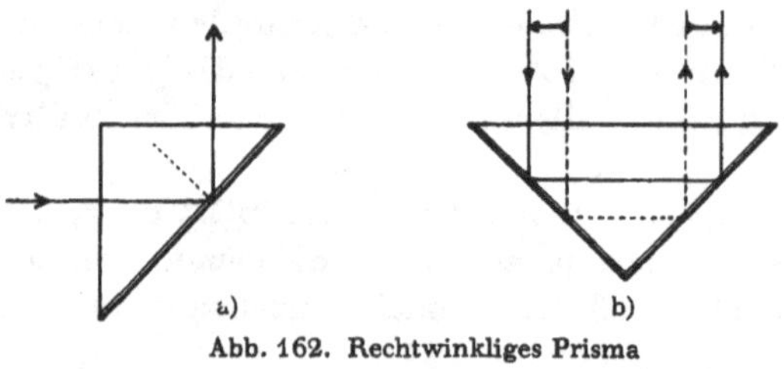

Abb. 162. Rechtwinkliges Prisma

1. (Abb. 162a) Ein senkrecht zu einer Kathetenfläche auftreffender Strahl wird an der spiegelnden Hypothenusenfläche (Einfallswinkel 45° > Grenzwinkel 42° für Kronglas) total zurückgeworfen und tritt senkrecht zur Eintrittsrichtung und zur zweiten Kathetenfläche aus. Nachweis auch an der optischen Scheibe.

2. (Abb. 162b) Ein *senkrecht zur Hypothenusenfläche* eintretender Strahl tritt in *entgegengesetzter Richtung* und *seitlich* verschoben aus. Er wird an den spiegelnden Kathetenflächen total zurückgeworfen. Rechts und links werden vertauscht.

3. (Abb. 163) Zur Erzielung einer vollständigen Bildumkehrung durch Spiegelung sind mindestens zwei Prismen erforderlich, da durch *eine Spiegelung* nur zwei Seiten vertauscht werden. Die Abb. 163 zeigt ein solches *Umkehrsystem*, durch das sowohl oben und unten wie rechts und links vertauscht wird. Anwendung beim Doppelfernrohr.

b) *Anwendungen.*

1. *Doppelfernrohr von Zeiß* (Abb. 164). Die in das Objektiv einfallenden Lichtstrahlen werden durch totale Zurückwerfung an den

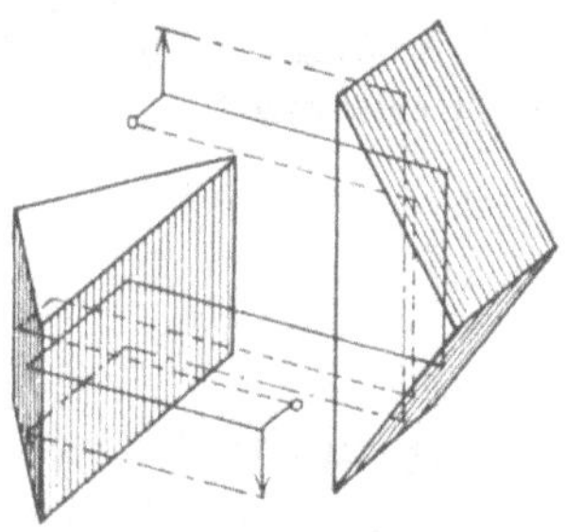

Abb. 163. Prismen-Umkehrsystem

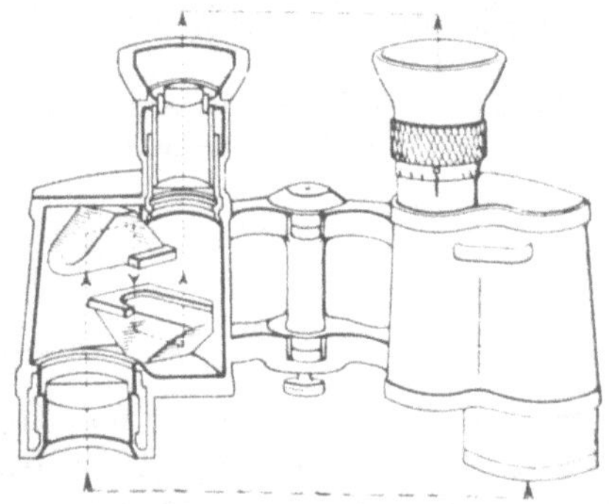

Abb. 164. Doppelfernrohr von Zeiß

Kathetenflächen des ersten rechtwinkligen Prismas umgekehrt und seitlich verschoben und treffen auf das untere Prisma, das rechtwinklig und umgekehrt zum ersten gestellt ist. Durch das zweite Prisma werden sie wieder umgekehrt und seitlich verschoben, so daß sie in ihrer ursprünglichen Richtung durch das Okular gehen. Die beiden Prismen ersetzen die Umkehrungslinse im Erdfernrohr (inwiefern?).

Vorteile des Doppelfernrohrs: es ist kürzer als ein Erdfernrohr von der gleichen Leistung und für den gleichzeitigen Gebrauch für beide Augen geeignet. Durch die seitliche Verschiebung der ins Objektiv eintretenden Strahlen können die Objektive auseinandergerückt und so der Augenabstand künstlich vergrößert werden. Das Fernrohr liefert daher recht *plastische*, d. h. *körperlich wirkende Bilder* mit guten Tiefenunterschieden.

2. Beim *Scherenfernrohr* (Abb. 165) kann diese Wirkung durch die langen Objektivrohre noch gesteigert werden. Diese sind durch ein

Gelenk verbunden, so daß sie beide waagerecht ausgestreckt und parallel nach oben gestellt werden können. Die Optik ist aus Abb. 165 zu ersehen. Zu genaueren Messungen und Beobachtungen ist es mit

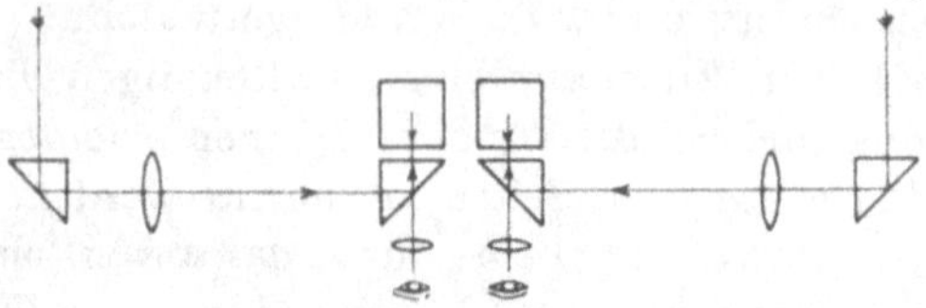

Abb. 165. Schema der Optik eines Scherenfernrohrs bei waagerecht geklappten Armen

Fadenkreuz, Strichplatte, einem waagerechten Teilkreis (von 6400 Strich) und einer Vorrichtung zum Neigen des Gerätes mit einer Einteilung in Strich oder $^1/_{16}{}^0$ versehen.

20. Das Wende- und Dachprisma und ihre Anwendung beim Rundblickfernrohr und Sehrohr (Periskop)

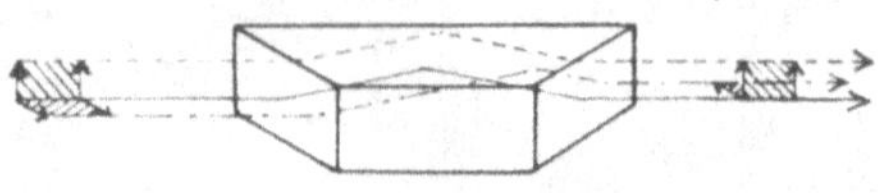

Abb. 166. Wendeprisma

a) Das Wendeprisma (Abb. 166) hat die Eigenschaft, daß, wenn es sich um 45°, 90°, 180° dreht, der Strahlengang entsprechend um die doppelten Winkel, also 90°, 180°, 360° gedreht wird. Nachweis durch Zeichnung oder Versuche an der optischen Scheibe.

b) Das Dachprisma (Abb. 167), das durch Abschleifen der Kanten k_1 und k_2 des rechtwinkligen Prismas entsteht, bewirkt eine volle Bildumkehrung.

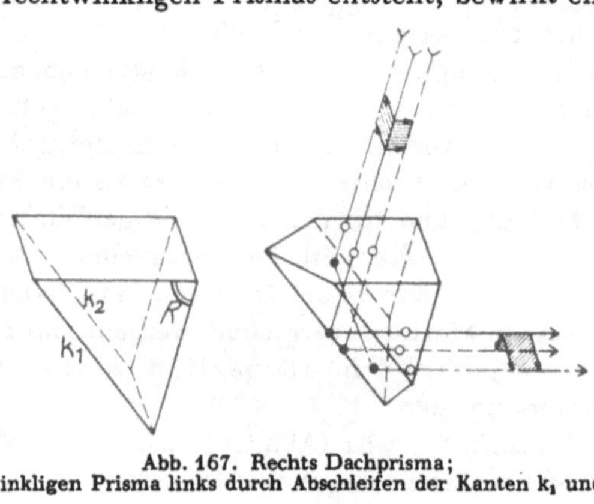

Abb. 167. Rechts Dachprisma; aus dem rechtwinkligen Prisma links durch Abschleifen der Kanten k_1 und k_2 entstanden

c) Die Abb. 168 stellt das Schema der Optik eines Rundblickfernrohres dar, das als Richt- und Zielgerät für Geschütze und als U-Boot- Sehrohr ausgebildet ist. Bei ihm wird die Einblicksachse festgehalten und das Objektivprisma um die Rohrachse gedreht. Durch diese Drehung wird im Bild oben und unten vertauscht. Die Richtigstellung geschieht durch das Wendeprisma W, das mit dem Kopfprisma K in geeigneter Weise gekuppelt ist und mit der halben Geschwindigkeit nachgedreht wird. Zwischen dem Objektiv und dem Okular ist noch ein Dachprisma D zur Aufhebung der Bildumkehrung des Objektivs und zur rechtwinkligen Ablenkung eingeschaltet. Ein mit der Ringteilung in Verbindung stehender Zeiger kann zur Feststellung der Ausblicksrichtung dienen.

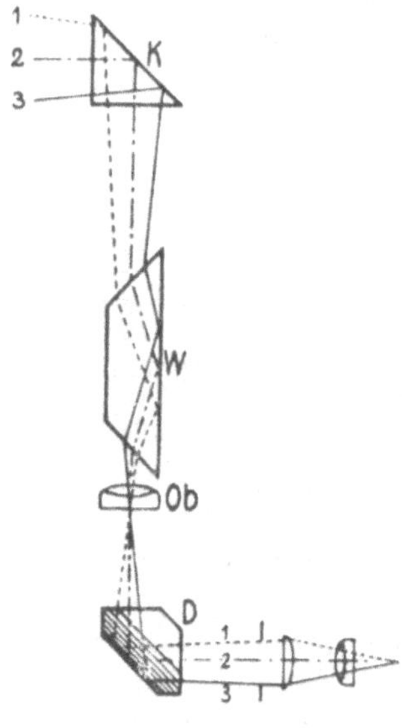

Abb. 168. Der Strahlengang im Rundblickfernrohr

21. Winkelspiegel, Pentaprisma und Rhombisches Prisma

Die Abschnitte 21 und 22 bilden die Vorbereitung zum Verständnis des Entfernungsmeßgerätes.

a) Der Winkelspiegel (Abb. 169) besteht aus zwei Spiegelflächen, die miteinander einen Winkel von 45° bilden. Jeder auffallende Strahl wird um 90° abgelenkt, unter welchem Winkel er auch auftreffen mag. Nachweis durch Versuch oder geometrisch auf Grund des Zurückwerfungsgesetzes.

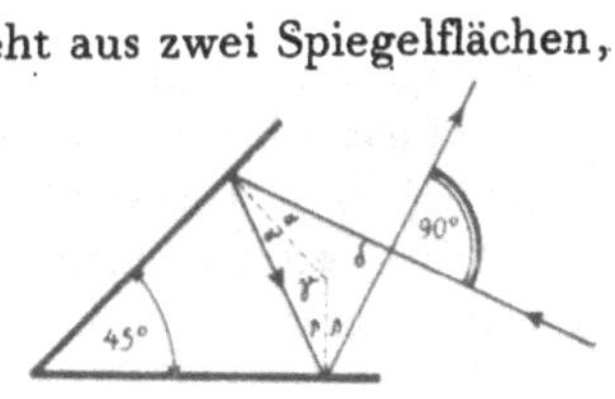

Abb. 169. Der Winkelspiegel

Es ist $\gamma = 135^0$. Daher ist $\alpha + \beta = 45^0$ und $2\,\alpha + 2\,\beta = 90^0$. Folglich $\delta = 90^0$.

b) Das Pentaprisma[1]) (Abb. 170) hat die gleiche Wirkung. Statt der beiden Spiegel verwendet man hier ein Glasprisma, dessen Seitenflächen s_1 und s_2 einen Winkel von 45° bilden und versilbert sind. Die

[1]) Von pente (griech.) = fünf.

Flächen t_1 und t_2, durch die die Strahlen aus- und eintreten, stehen aufeinander senkrecht. Der gestrichelte spitze Teil ist überflüssig und daher weggelassen, so daß das Prisma von fünf Seitenflächen (Name!)

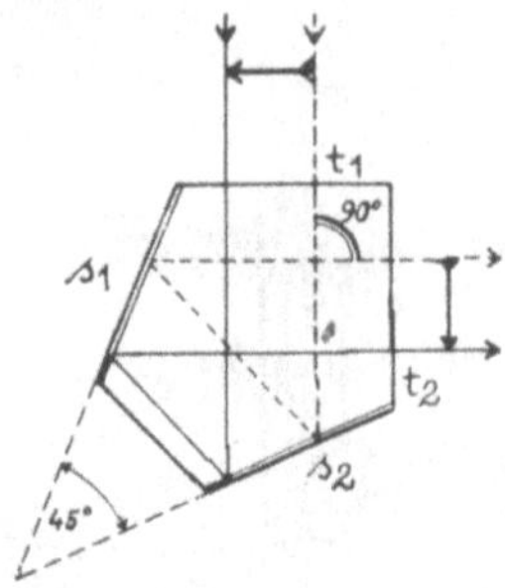

Abb. 170. Das Pentaprisma

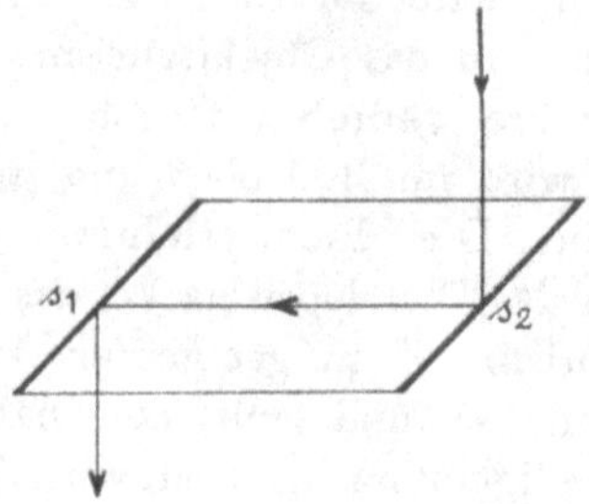

Abb. 171. Das rhombische Prisma

begrenzt ist. Der Strahlengang ist aus der Abbildung ersichtlich. Begründung wie unter a). Das Pentaprisma wird heute weniger benutzt, weil es schwieriger als der Winkelspiegel herzustellen ist und auch sonst Nachteile hat.

c) Das Rhombische Prisma (Abb. 171) hat den Zweck, die eintretenden Strahlen seitlich zu verschieben. Die Flächen s_1 und s_2 sind versilbert. Der Strahlengang ist aus der Abbildung ersichtlich.

22. Das räumliche Sehen (stereoskopisches Sehen)

a) Grundlagen.

Die neuzeitlichen Entfernungsmeßgeräte gründen sich auf das räumliche Sehen. Das ist die Fähigkeit des Menschen, gesehene Gegenstände in ihrer verschiedenen Ausdehnung, also plastisch oder körperlich wahrzunehmen und ihre räumliche Entfernung voneinander zu beurteilen. Die physiologischen[1]) Grundlagen für das räumliche Sehen erkennt man am einfachsten, wenn man die Abbildung eines Gegenstandes G durch zwei parallel gestellte fotographische Apparate betrachtet. In der Abb. 172 bezeichnen O_1 und O_2 die Objektive und die „Basis" b den Abstand ihrer Mitten. M_1 und M_2 sind die Mattscheiben mit den Bildern G_1 und G_2 von G. H_1 und H_2, die „Hauptpunkte", sind die Mittelpunkte der Mattscheiben.

Die Entfernung e des Gegenstandes von der bekannten Basis b ist vollständig bestimmt, da die Dreiecke I' und I und II' und II ähn-

[1]) D. h. die durch den Bau des Auges bedingten Grundlagen.

lich sind und die Abstände der Bilder von den Hauptpunkten $G_1H_1 = p_1$ und $G_2H_2 = p_2$, die sog. „parallaktischen Differenzen“[1]), gemessen werden können.

Es ist nämlich $e : b = d : (p_1 + p_2)$,

mithin Entfernung $$\boxed{e = b \cdot \frac{d}{p_1 + p_2}}$$

Denkt man sich an Stelle der fotografischen Apparate die beiden Augen, so bedeuten O_1 und O_2 die Augenlinsen, b ihren Abstand und M_1 und M_2 die Netzhaut. Der Gegenstand erzeugt auf dieser die Bilder G_1 und G_2, die als ein Bild „räumlich“ wahrgenommen werden. Die

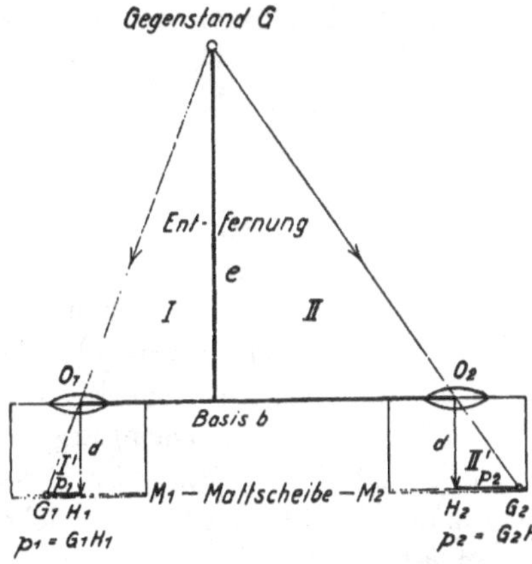

Abb. 172. Die parallaktischen Differenzen $p_1 = G_1H_1$ und $p_2 = G_2H_2$ und Basis b bestimmen die Entfernung e

Ursache dafür ist die verschiedene Lage der Bilder auf der Netzhaut beider Augen, mit andern Worten, die „parallaktischen Differenzen“. Sieht man nach einer in der Nähe gehaltenen Zigarrenkiste, so sind die Sehachsen stark zueinander geneigt. Vom Gegenstand entstehen verschiedene Bilder (schließe abwechselnd ein Auge!), die die „räumliche“ Wirkung im Bewußtsein hervorrufen. Daß das körperliche Sehen auf der Vereinigung verschiedener Netzhautbilder beruht, beweist das bekannte Stereoskop.

b) Grenzen.

Das räumliche Sehen ohne Hilfsmittel ist an bestimmte Grenzen gebunden. Ein ausgedehnter Gegenstand kann nur dann räumlich erfaßt

[1]) **Parallaxe kommt aus dem Griechischen und heißt soviel wie Abweichung.**

werden, wenn das Netzhautbild auf mindestens zwei nebeneinander liegenden Zapfen (Durchmesser etwa 0,005 mm) auf der Netzhaut liegt. Das bedingt bei einem Augenabstand von 64 mm eine Entfernung von 640 m. Mit rund 600 m Entfernung hört also das räumliche Sehen mit unbewaffnetem Auge auf.

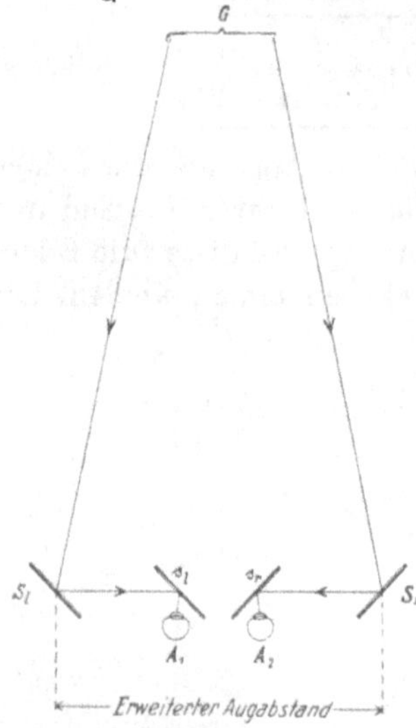

Abb. 173.
Vergrößerung des Augenabstandes durch zwei Paar Parallelspiegel

c) Eine Erweiterung der Grenzen des naturgegebenen räumlichen Sehens kann jedoch erreicht werden 1. durch künstliche Vergrößerung des Augenabstandes, 2. durch künstliche Vergrößerung der scheinbaren Größe des Gegenstandes (Erhöhung der Sehschärfe).

Die Vergrößerung des Augenabstandes erfolgt am einfachsten mit zwei Paar Parallelspiegeln S_l, S_r und s_l, s_r (Abb. 173). Der Beobachter sieht jetzt den Gegenstand über die Spiegel S_l, S_r und s_l, s_r. Dadurch wird eine Erhöhung des körperlichen Eindrucks und der Tiefenunterschiede erreicht, gleichzeitig wird das Bild verkleinert (Versuche durch Betrachtung eines Würfels von etwa 10 cm Kantenlänge). Die Erhöhung der Sehschärfe wird mit Hilfe von Linsen, die in den Strahlengang eingeschoben werden, erreicht (Fernrohrprinzip). Im Fernrohr wird der Sehwinkel vergrößert.

23. Raumbildentfernungsmesser

a) Aufbau[1]).

Die Abb. 174 zeigt den Aufbau eines Raumbildentfernungsmessers (Em.R) mit wandernder Marke. Das Außenrohr A enthält die Winkelspiegel S_l, S_r, die Okulare Ok_l, Ok_r und die Abschlußgläser G_l und G_r, ferner den verstellbaren Drehkeil B mit Knopf P zur Berichtigung der Entfernungsanzeige. — Das Innenrohr I ist links bei W mit einer kugeligen Wulst in A verschiebbar gelagert und bei CC kardanisch aufgehängt (Schnitt C—C). Der Zwischenring K dieser Aufhängung wird zum Berichtigen von Höhen-

[1]) Aufbau nebst Abb. nach A. König, Die Fernrohre und Entfernungsmesser, 2. Aufl., Berlin 1937.

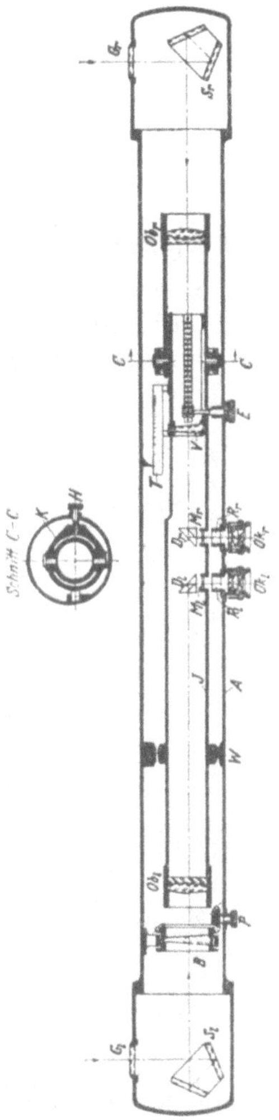

fehlern mit der Schraube H auf und ab bewegt. Das Innenrohr trägt die Objektive Ob_l und Ob_r, die Okulardachprismen D_l, D_r, die Markenplatten M_l, M_r und die Meßeinrichtung. Diese umfaßt einen Ablenkungskeil V, der mit Knopf E in der Achse des rechten Objektivs verschoben werden kann, und die mit V verbundene Entfernungsteilung T, auf der am Zeiger die Entfernung abgelesen werden kann. — Die rhombischen Prismen R_l und R_r ermöglichen die Anpassung an den Augenabstand des jeweiligen Meßmannes.

b) Wirkungsweise des E-Meßgeräts.

Zunächst ist zweierlei zu beachten:

1. Die planparallelen Platten M_l, M_r mit den Meßmarken — kurz Markenebenen genannt — liegen etwa in der Bildebene der beiden Objektive, die auf den Platten das Bild des Zieles entwerfen. Dieses Bild wird durch die Okulare wie durch eine Lupe betrachtet (Fernrohrprinzip). Die

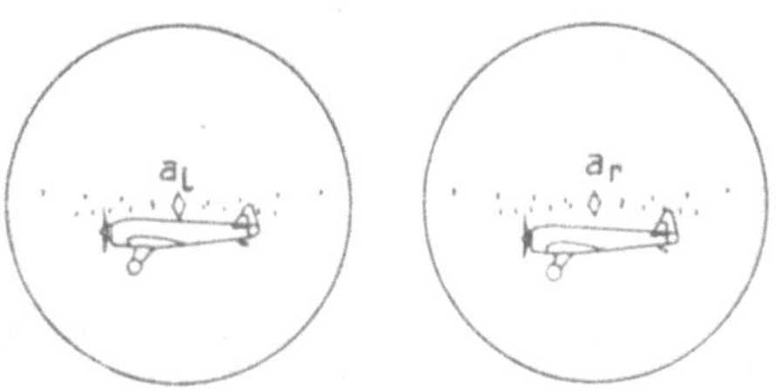

Abb. 174. Aufbau eines Raumbildentfernungsmessers mit wandernder Marke

Abb. 175. Das Bild in einem Raumbildentfernungsmesser mit wandernder Marke

Hauptmeßmarken a_l und a_r (Abb. 175) sind auf der Mitte der Markenebene eingeätzt; die kleinen Striche, die „Streumarken", bezwecken die Erhöhung des plastischen Eindrucks der Meßmarken.

2. Die Sehstrahlen gehen bei parallel gerichteten Augen des Meßmannes stets durch die Mittelpunkte der beiden Markenebenen, auch

wenn dieser die Okulare für seinen Augenabstand einstellt. Das wird durch vor ihnen liegende Prismen erreicht.

c) Verlauf der Lichtstrahlen (Abb. 176).

1. Bei einem unendlich entfernten Ziel fallen die Lichtstrahlen (a_1, a_2) parallel zueinander in die Abschlußgläser ein und werden durch die Winkelspiegel (oder zwei Pentaprismen) um je 90° nach innen abgelenkt, so daß sie beiderseits durch die Mitten der Objektive fallen, wobei richtige Stellung der Glaskeile B und V (Abb. 174) vorausgesetzt wird. Im weiteren Verlaufe treffen sie beiderseits mitten auf die Umkehrprismen (D_l, D_r). Diese bewirken erstens

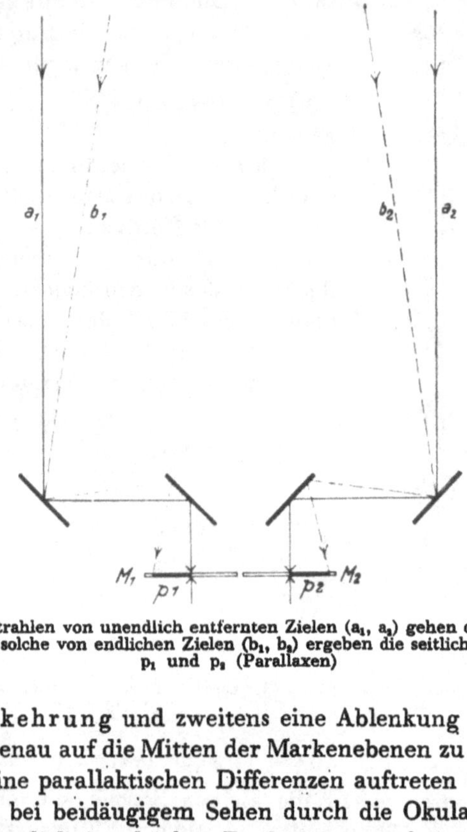

Abb. 176. Lichtstrahlen von unendlich entfernten Zielen (a_1, a_2) gehen durch die Mitten der Markenebenen, solche von endlichen Zielen (b_1, b_2) ergeben die seitlichen Abweichungen p_1 und p_2 (Parallaxen)

eine Bildumkehrung und zweitens eine Ablenkung um 90°, so daß die Strahlen genau auf die Mitten der Markenebenen zu liegen kommen und daher keine parallaktischen Differenzen auftreten (Abb. 176). Das bedeutet, daß bei beidäugigem Sehen durch die Okulare Meßmarke und Ziel räumlich in gleicher Entfernung erscheinen müssen. Das Meßkeilsystem V hat dabei eine ganz bestimmte Stellung, und die mit ihm gekuppelte Entfernungswalze zeigt demgemäß die Entfernung ∞ (= unendlich) an.

2. Bei einem endlichen Ziel sind die einfallenden Strahlen (b_1, b_2) zueinander geneigt (Abb. 176). Das Zielbild wird daher nicht mehr mit den Meßmarken zusammenfallen, sondern von diesen eine seitliche Abweichung zeigen.

Nun kann der Meßmann an dem Meßknopf E den Ablenkungskeil (Meßkeilsystem) solange verschieben, bis die vorhandene Bildverschiebung gegen die Meßmarke, das Vergleichsziel, ausgeglichen (kompensiert) ist. Diesem mechanischen Ausgleich entspricht die zutreffende Entfernung, die ja durch die „Parallaktischen Differenzen" rechnerisch bestimmt ist. Sie kann daher an der mit dem Ausgleicher (Kompensator) verbundenen Entfernungsteilung abgelesen werden.

An Hand der Abb. 176 ist zu erkennen:

Ist der Zielbildabstand größer (kleiner) als der seitliche Abstand der Meßmarken, so muß das Ziel kürzer (weiter) als die Meßmarke erscheinen. Bei gleichem Abstand der Zielbilder und der Meßmarken nach der Seite müssen Ziel und Meßmarke gleichweit erscheinen.

24. Die Berichtigung beim Raumbildentfernungsmesser

Das Berichtigen ist erforderlich, da das E-Meßgerät mechanischen Durchbiegungen oder solchen durch Temperatureinflüsse ausgesetzt ist. Je nach der Richtung der Durchbiegung senkrecht oder längs zur optischen Achse entstehen „Höhenfehler" oder „Entfernungsfehler", die in der Regel gleichzeitig auftreten, da ja die Durchbiegung meist in einer anderen Richtung erfolgt. Die Fehler müssen vor Beginn der Messung ausgeschaltet werden.

a) Der Höhenfehler ist stets zuerst auszuschalten. Die Zielbilder rechts und links stehen dabei der Höhe nach verschoben und müssen in gleiche Höhe gebracht werden. Die Berichtigung geschieht mit Hilfe des Höhenberichtigungsknopfes H oder der Höhenberichtigungswalze.

Praktische Ausführung. Man schneidet entweder ein Nahziel an und stellt die Entfernungsableseskala auf weite Entfernung ein oder umgekehrt. Blickt man nun scharf auf die Meßmarke, so erscheint bei großem Entfernungsunterschied das Ziel doppelt, und die Zielbilder sind bei vorhandenem Höhenfehler der Höhe nach verschoben. An der Höhenberichtigung ist dann solange zu drehen, bis die Zielbilder auf gleicher Höhe erscheinen.

b) Der Entfernungsfehler ist nicht ohne weiteres erkennbar. Man unterscheidet drei Arten der Berichtigung:

1. Nach vermessener (wahrer) Entfernung.

Man schneidet das genau vermessene Ziel an und stellt die bekannte Entfernung auf der Entfernungsableseskala ein. Ohne diese zu verändern, werden jedesmal fünf Messungen mit Walze oder Knopf der Entfernungsberichtigung gemacht. Von den aufgeschriebenen Fehlern ist der Durchschnitt zu bilden und dieser als „Berichtigungszahl" an der Mindestfehlermeßskala einzustellen.

2. Nach einem unendlich fernen Ziel.

Man verfährt nach 1., muß aber in der Entfernungsableseskala die Unendlichkeitsmarke „∞" einstellen.

Wichtig ist nur, Klarheit darüber zu schaffen, von welcher Entfernung ab ein Ziel praktisch als unendlich zu betrachten ist. Unter Berücksichtigung des in Abschnitt 16c) besprochenen physiologischen Grenzwinkels ergibt sich z. B. für ein E-Meßgerät von 4 m Basis und 20facher Vergrößerung die Entfernung 1600 km. Daraus folgt, daß als „unendlich ferne" Ziele nur solche außerhalb der Erde, besonders die Gestirne und der Mond (allerdings nur im ersten und letzten Viertel) in Frage kommen.

3. Nach einem vorgetäuschten „unendlichen" Ziel.

Dieses besteht aus einer Berichtigungslatte (Abb. 177) mit den beiden zueinander parallelen Strichen auf den Tafeln a und b, deren seitlicher

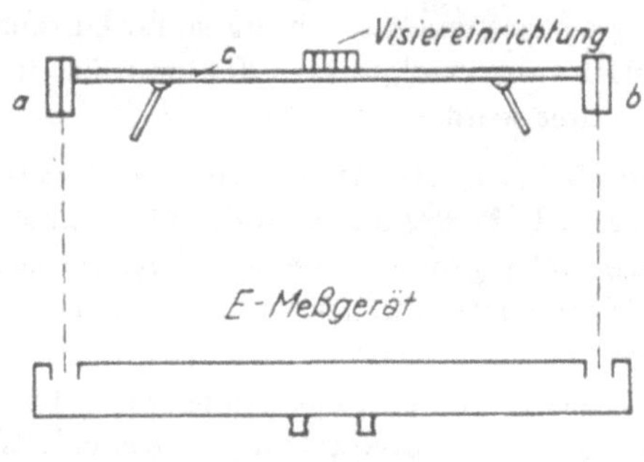

Abb. 177. Berichtigungslatte

Abstand gleich der Größe der optischen Basis des E-Meßgerätes ist, und der Visiervorrichtung. Diese befindet sich genau in der Mitte der Latte und ist senkrecht zu ihr.

Diese Latte wird in einer bestimmten Entfernung von dem Meßgerät — beim Zeiß-4-Meter-Gerät in 40 m Entfernung — mit Hilfe eines Bandmaßes aufgestellt und vom E-Meßgerät nach den beiden Strichen angerichtet. Die Berichtigung selbst wird genau wie unter 2. vorgenommen.

VIII. Flüssigkeiten und Gase

Vorbemerkung: Zum leichteren Verständnis für das Verhalten der luftförmigen Körper ist die Kenntnis des Verhaltens der flüssigen Körper erforderlich, da dieses in vieler Beziehung gleichartig, einfacher nachzuweisen und zu übersehen ist.

1. Äußere Druckverhältnisse bei Flüssigkeiten

a) Druck auf die Flächeneinheit.

Stellt man ein Gewicht von 2 kg auf lockeren Sand, so sinkt es stark ein. Es übt auf die Auflagestelle einen Druck aus, wodurch der Sand zusammengepreßt wird. Legt man dann unter das Gewicht ein leichtes Brettchen, z. B. von 20 ×25 cm, so sinkt dieses nur wenig ein. Die Belastung oder der Druck der 2 kg verteilt sich jetzt auf eine Fläche von 500 cm². Das bedeutet nur einen Druck von 2000 g : 500 = 4 g auf 1 cm².

Verteilt sich eine Druckkraft gleichmäßig auf eine Fläche, so ist für die Beurteilung des Druckes auf die Fläche, die ja verschieden groß sein kann, nicht der Gesamtdruck, sondern der Druck auf die Flächeneinheit 1 cm² maßgebend (Flächeneinheitsdruck).

Der Druck von 1 kg auf 1 cm² (1 kg/cm²) heißt eine technische Atmosphäre[1]) (1 at).

12 at bedeuten also z. B. einen Druck von 12 kg auf 1 cm².

Gesamtdruck auf eine Fläche = Flächeneinheitsdruck mal Fläche

b) Fortflpanzung des Druckes in Flüssigkeiten.

Flüssigkeiten lassen sich nur äußerst wenig zusammendrücken. Das macht sie besonders geeignet zur Fortleitung des Druckes. Füllt man z. B. einen Gummiball (Abb. 178a), der mehrere kleine Öffnungen hat, mit Wasser und drückt an irgendeiner Stelle auf den Ball, so spritzt

[1]) Zur Erläuterung s. Abschn. VIII, 4 S. 123 ff.

das Wasser aus allen Öffnungen gleichmäßig stark heraus. Das gleiche beweist auch der Versuch mit dem Spritzkolben Abb. 178b.

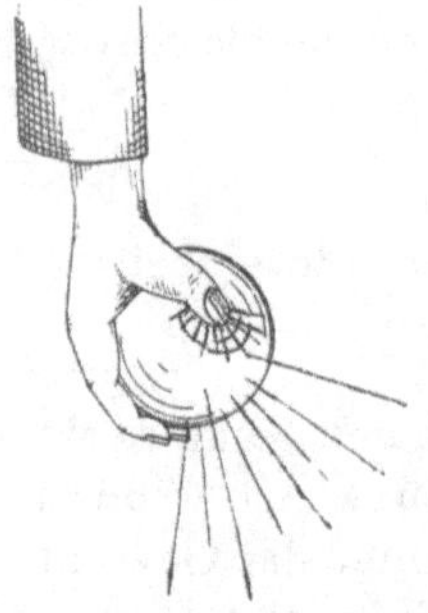

Abb. 178a. Fortpflanzung des Druckes in Flüssigkeiten

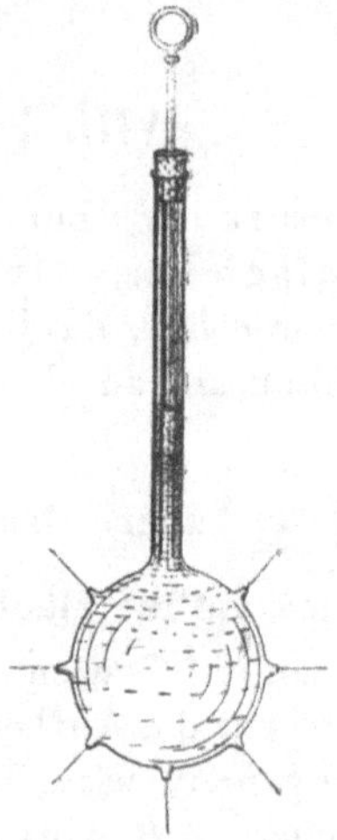

Abb. 178b. Spritzkolben zum Nachweis der gleichmäßigen Druckausbreitung nach allen Richtungen

In Abb. 179 ist ein mit Wasser gefülltes Gefäß mit den Kolben K_1 und K_2 dargestellt. Wiegt K_1 200 g und ist die gedrückte Fläche 10 cm² groß, so beträgt der Druck auf je 1 cm² 20 g. Dieser Druck verursacht in der ganzen Flüssigkeit einen Spannungszustand und übt dadurch auf alle Teile der Wandung und auch auf K_2 auf je 1 cm² einen Druck von 20 g aus. Ist der Querschnitt von K_2 4 mal so groß wie von K_1, so besteht Gleichgewicht, wenn K_2 4 mal 200 g = 800 g wiegt.

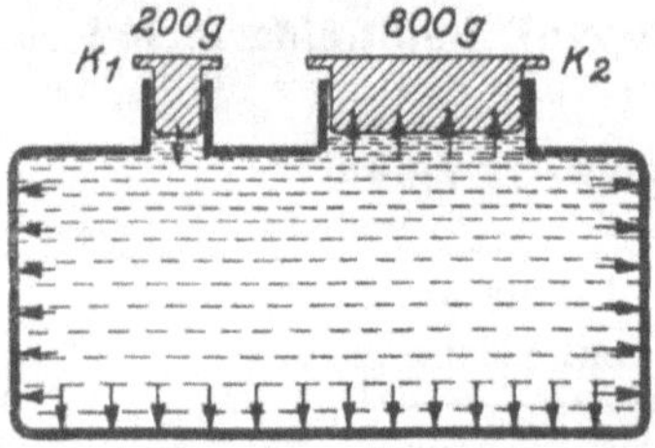

Abb. 179.
Kolben K_1 und K_2 stehen im Gleichgewicht

Ein auf eine abgeschlossene Flüssigkeit ausgeübter Druck pflanzt sich durch die Flüssigkeit nach allen Seiten mit gleicher Stärke fort.

c) **Druckmessung** mit dem **Federmanometer**[1]) bei Wasser- und Dampfkesseln, Wasserleitungen, Kohlensäure- und anderen Gasbomben.

---

[1]) Manometer = Druckmesser.

Das Manometer (Abb. 180) besteht aus einer Dose, deren Ansatz durch einen Wellblechstreifen in 2 Teile zerlegt wird. Der Druck auf den Streifen wird durch Zahnbogen und Zahnrad auf den Zeiger übertragen.

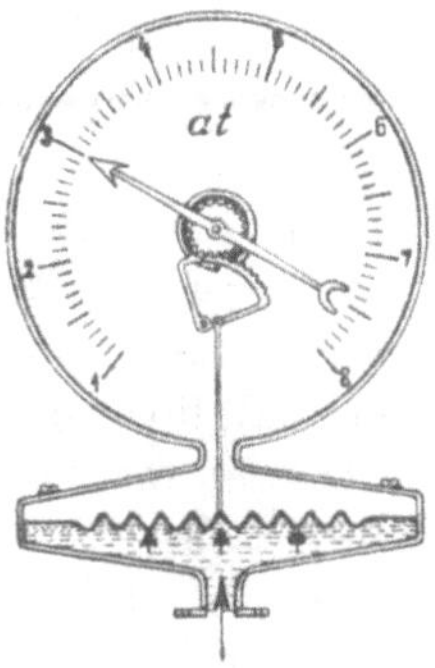

Abb. 180. Metallmanometer

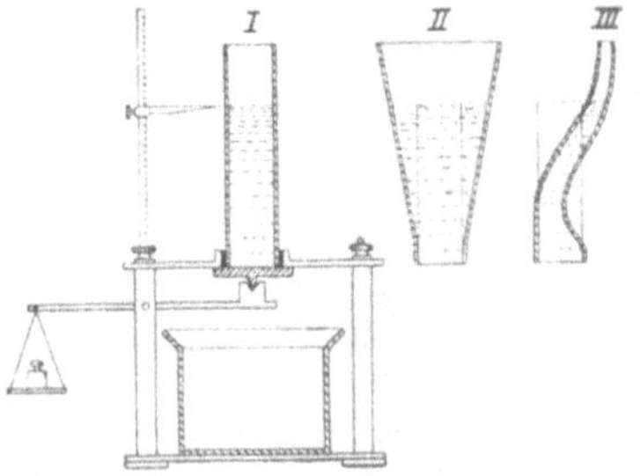

Abb. 181. Bodendruckgerät. Der Bodendruck ist unabhängig von der Form der Gefäße

2. Druck durch die eigene Schwere

a) Die **freie Oberfläche** einer in Ruhe befindlichen Flüssigkeit bildet erfahrungsgemäß eine waagerechte Ebene (Niveau)[1]. Jnfolge ihrer leichten Verschiebbarkeit suchen die Teilchen unter dem Einfluß der Schwerkraft so tief wie möglich zu kommen, bis Gleichgewicht herrscht.

Anwendung: Dosen- und Röhrenlibelle zur Gewinnung waagerechter und lotrechter Flächen und Linien, Wasserwaage.

b) Der **Bodendruck** (↓) ist der Druck auf den Boden eines Gefäßes. Dieser ist in einem zylindrischen Gefäß mit senkrechten Wänden (I Abb. 181) gleich dem Gewicht der Flüssigkeit. — Der Gesamtbodendruck beträgt bei einem solchen Gefäß, wenn es mit Wasser gefüllt ist, bei einer Bodenfläche G = 12 cm^2 und einer Höhe des Wasserspiegels von 15 cm 12mal 15 g = 180 g (1 cm^3 Wasser = 1 g).

Versuche mit dem in Abb. 181 dargestellten Gerät liefern bei den drei verschieden geformten Gefäßen, welche die gleiche Bodenfläche haben, wenn sie gleich hoch z. B. mit Wasser gefüllt sind, das überraschende Ergebnis, daß der Bodendruck bei den Gefäßen I, II und III gleich ist.

Der Bodendruck je Flächeneinheit ist nur abhängig von der Flüssigkeitshöhe, nicht von der Gestalt der Gefäße.

[1]) Von niveau (franz.) = waagerechte Fläche.

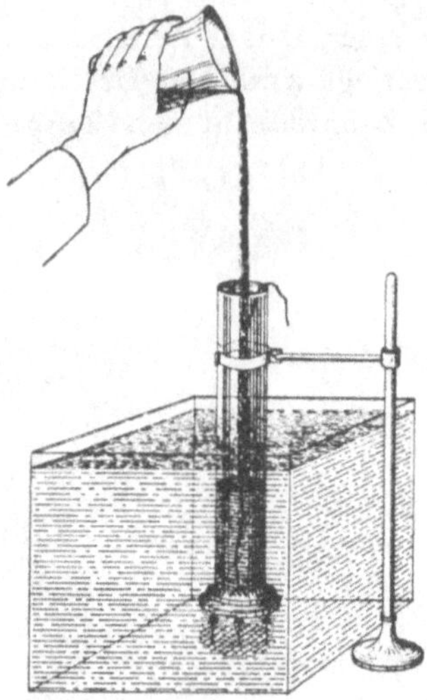

Abb. 182. Wirkung des Aufdrucks

c) Der **Aufdruck** (↑) in einer Flüssigkeit wird gezeigt mit Hilfe eines beiderseits offenen Zylinders (Abb. 182), dessen unteres Ende durch eine leichte Platte verschlossen werden kann. Die zuerst durch einen Faden an den Zylinder angepreßte Platte wird nach dem Eintauchen in die Flüssigkeit durch den Aufdruck angepreßt. Zur Messung des Aufdrucks gießt man gefärbtes Wasser in den Zylinder. Die Verschlußplatte fällt erst ab, wenn das Wasser im Zylinder so hoch wie draußen steht.

Der Aufdruck (↑) ist gleich dem Bodendruck (↓) in derselben Höhe. Der Druck auf eine waagerechte Schicht ist an jeder Stelle gleich.

d) Der **Seitendruck** (⇄) ist gleich dem Bodendruck in derselben Höhe, wächst also mit der Tiefe. Nachweis durch den Versuch Abb. 183a. Das Wasser steigt im Seitenrohr auf die Spiegelhöhe im Wasserzylinder. Der Seitendruck sucht die Wände zu bewegen (Abb.

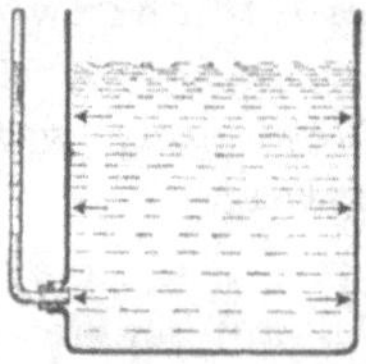

Abb. 183a. Wirkung des Seitendrucks. Seitendruck gleich Bodendruck in gleicher Tiefe

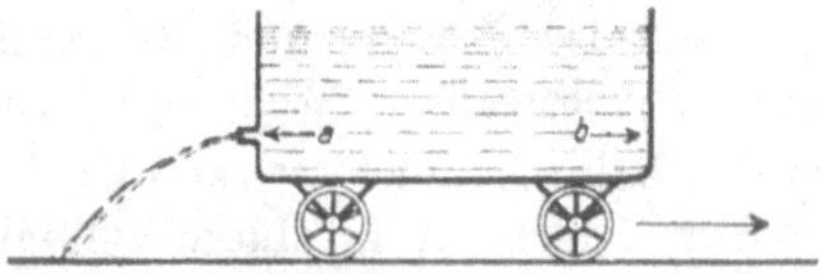

Abb. 183b. Wirksamer Seitendruck bei b (Rückstoß)

183b). Da an der Stelle a die Wand fehlt, ist der Druck auf die rechte Wand größer als auf die linke. Der kleine Wagen bewegt sich nach rechts.

Merke: Eine Wassersäule von 10 m Höhe über 1 cm² Bodenfläche enthält 1000 cm³, übt daher einen Druck von 1000 g = 1 kg auf 1 cm², d. h. 1 at, aus. Ein Taucher erfährt in einer Tiefe von 20, 30 . . . . m einen Druck von 2, 3 . . . . kg je cm². Liegt der Wasserbehälter einer Wasserleitung einer Gemeinde 35 m über einem Ausfluß, so beträgt der Druck auf je 1 cm² der Ausflußöffnung des Hahnes 3,5 kg.

3. Spannkraft (Druck) der Gase

a) **In der Lehre von den Gasen und Dämpfen versteht man unter Luftdruck, Gasdruck oder Dampfdruck stets den Druck auf 1 cm².** Stößt man den Kolben in den Zylinder einer Fahrradpumpe, deren Öffnung man mit dem Finger schließt, so merkt man einen immer stärker werdenden Gegendruck. Die in der Pumpe befindliche Luft besitzt also, wie alle gedrückten Gase, eine Spannung oder Expansionskraft[1]). Man erklärt sich den Gasdruck durch die Annahme, daß bei stärker werdendem Druck auch die Gasteilchen (Molekeln) sich immer lebhafter bewegen und gegen die Wände stoßen.

b) Für gasförmige Körper gelten die gleichen Gesetze wie für flüssige Körper, soweit sie auf der leichten Verschiebbarkeit der Teilchen beruhen, z. B.

1. Ein Druck auf eine Gasmenge, die sich im Gleichgewicht befindet, pflanzt sich gleichmäßig nach allen Seiten fort.

2. Wird in einem geschlossenen Gefäß der Druck, den ein Gas auf die Wände ausübt, an einer Stelle vermindert, so entsteht an der entgegengesetzten Stelle ein Überdruck. **Beispiele:** Rückstoß der Gewehre und der Geschütze, Raketen.

3. Strömt ein Gas durch eine Leitung, so nimmt der Druck infolge der Reibung ab.

4. Der atmosphärische Luftdruck

a) Die Erde ist von einer **Lufthülle,** der sog. **Atmosphäre**[2]), umgeben. Ihre Höhe wird auf 300 bis 400 km geschätzt, da man in 300 km Höhe aufleuchtende Sternschnuppen beobachtet hat, die nur durch Reibung an der Luft glühend werden.

Vermöge ihrer Schwere übt die Luft auf jede Fläche des Erdbodens einen Druck aus. Über jeder Fläche lastet eine Luftsäule bis zur Grenze der Lufthülle. Man erhält erst einen Begriff von dem Gewicht einer Luftmenge, wenn man ausrechnet, daß in einem Zimmer von 6 m Länge, 5 m Breite und 4 m Höhe die Luft $120 \times 1{,}293$ kg $= 155$ kg $= 3.1$ Zentner wiegt.

Der von der Luft auf die Flächeneinheit 1 cm² ausgeübte Druck ist gleich dem Gewicht der darüber befindlichen Luftsäule.

---

[1]) Von expandere (lat.) = ausbreiten.
[2]) Von atmos (griech.) = Dampf, Dunst und sphaira = Kugel.

Nachweis des Vorhandenseins des Luftdrucks durch ein Trinkglas (Abb. 184), das man ganz mit Wasser füllt, mit einem passenden Blatt Papier bedeckt und umkehrt. Das Wasser bleibt im Glase. Das gleiche geschieht, wenn man das gefüllte Trinkglas in ein mit Wasser gefülltes Becken untertaucht und das verschließende Papier wegzieht (Abb. 185). In beiden Fällen ist der Wasserdruck kleiner als der Luftdruck.

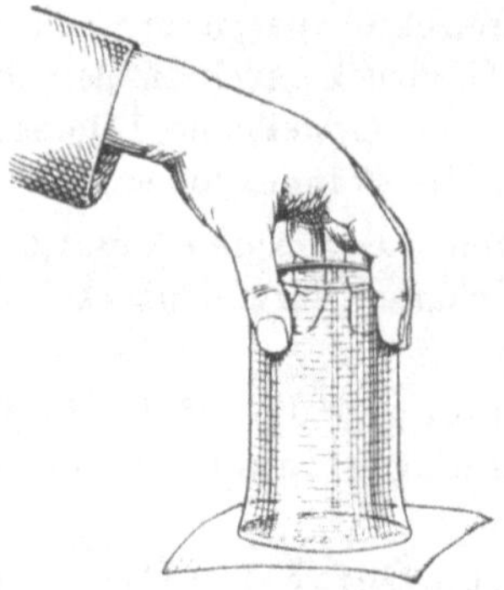

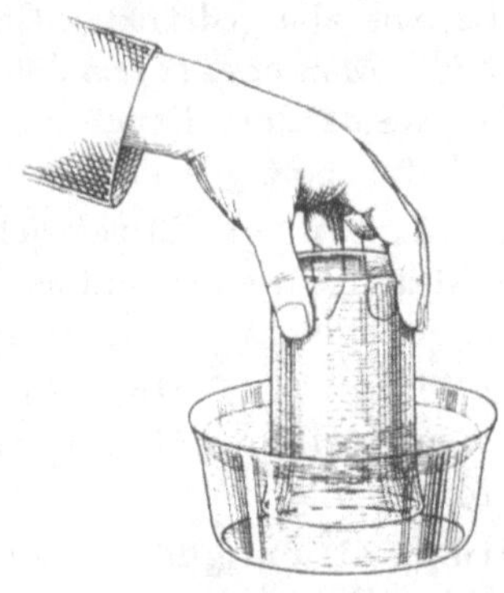

Abb. 184. Abb. 185.
Der Luftdruck trägt die im Glase befindliche Wassersäule

b) Messung des Luftdrucks (Abb. 186).

Man füllt ein etwa 80 cm langes Glasrohr, das oben geschlossen ist, vollständig mit Quecksilber, schließt die Öffnung mit dem Finger und bringt das Rohr mit dem offenen Ende in ein Gefäß mit Quecksilber. Nach Entfernung des Fingers fließt das Quecksilber etwas aus, doch bleibt im Rohr eine Quecksilbersäule von rund 76 cm = 760 mm Höhe über dem Quecksilberspiegel im Gefäß stehen. Das Quecksilber im Rohr müßte infolge der *Schwerkraft* ausfließen. Da dies nicht geschieht, muß eine *Gegenkraft* vorhanden sein, die der Quecksilbersäule das Gleichgewicht hält. Das ist der *Luftdruck*, der auf den äußeren Spiegel des im Gefäß befindlichen Quecksilbers eine gleich große Kraft ausübt, die sich durch das Quecksilber fortpflanzt.

Der Druck der atmosphärischen Luft auf 1 cm² ist also gleich dem Gewichtsdruck einer 76 cm hohen Quecksilbersäule auf 1 cm².

Der Luftdruck an ein und demselben Ort ist nicht immer gleich. Weiterhin ändert er sich auch sehr stark mit der *Höhe*.

In *Meereshöhe* beträgt der durchschnittliche Luftdruck, wie man kurz sagt, 76 cm = 760 mm QS[1]). Da 1 cm³ Quecksilber 13,6 g wiegt,

[1]) QS = Quecksilbersäule, WS = Wassersäule.

so entspricht das einem **Gewichtsdruck von 76mal 13,6 g = 1,033 kg/cm²** oder einem Druck einer Wassersäule (WS) von annähernd 10 m Höhe (Abb. 187).

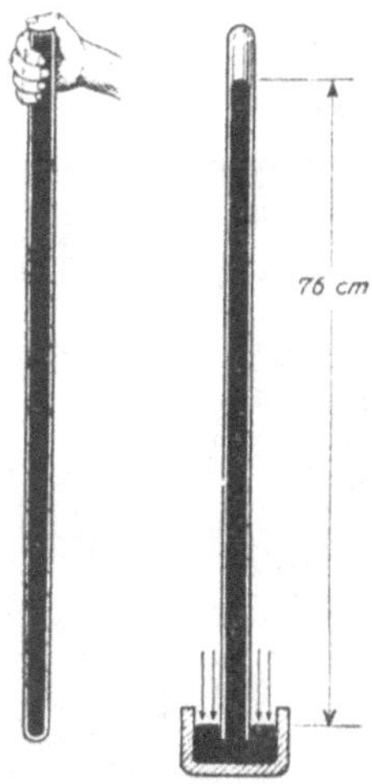

Abb. 186. Der Luftdruck hält einer Quecksilbersäule von 760 mm Höhe das Gleichgewicht (Versuch von Torricelli)

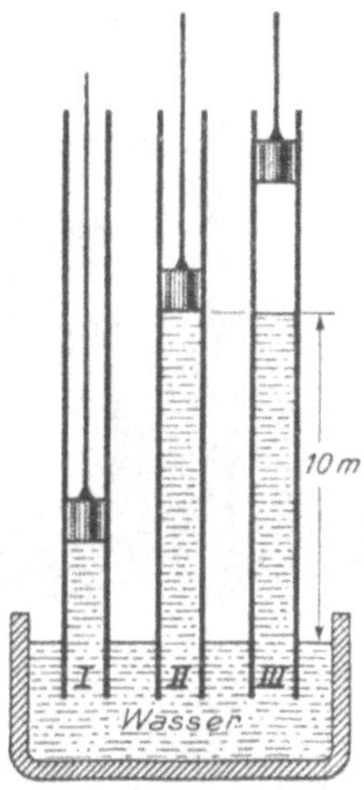

Abb. 187. Größe des Luftdrucks, gemessen durch eine Wassersäule. Luftdruck = 10 m WS

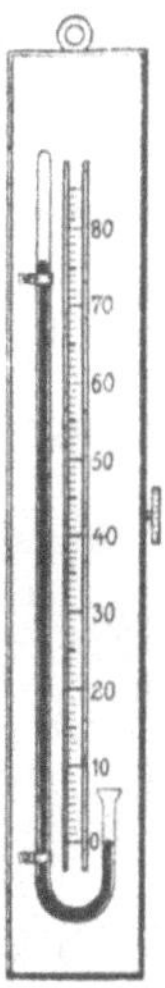

Abb. 188. Heberbarometer mit verschiebbarer Teilung

760 mm QS ≈ 10 m WS

Die Messung des Luftdruckes mit Hilfe der Quecksilbersäule führte etwa 1640 der Italiener Toricelli aus. Zur gleichen Zeit bestimmte der Magdeburger Bürgermeister Otto v. Guericke mit seinem über 10 m langen Wasserbarometer, das vom ersten bis vierten Stockwerk reichte, die Größe des Luftdrucks. Mit seiner Luftpumpe pumpte er am oberen Ende des Wasserrohres die Luft aus.

Bei Wetterkarten wird der Druck in Millibar angegeben.

1 Bar[1] = 1000 Millibar (mB) = 750 mm QS
1 m B = 3/4 mm QS; 1 mm QS = 4/3 m B.

c) **Barometer**[2]) sind Vorrichtungen zur Messung des jeweiligen Luftdrucks.

1. **Quecksilberbarometer** sind entweder Gefäßbarometer (vgl. Abb. 186) oder Heberbarometer (Abb. 188).

Der Barometerstand, d. i. die Länge der Quecksilbersäule über dem äußeren Quecksilberspiegel, wird an einer verschiebbaren Teilung abgelesen.

---

[1]) Von barys (griech.) = schwer.
[2]) von barys = schwer und metrein = messen.

2. **Metallbarometer** bestehen vielfach aus einer Metalldose mit gewelltem Deckel, der bei zunehmendem Luftdruck einsinkt, bei abnehmendem mit Unterstützung einer Feder zurückgeht. Die Bewegung des Deckels wird auf einen Zeiger übertragen, der auf einer Teilung den jeweiligen Luftdruck anzeigt (Abb. 189a).

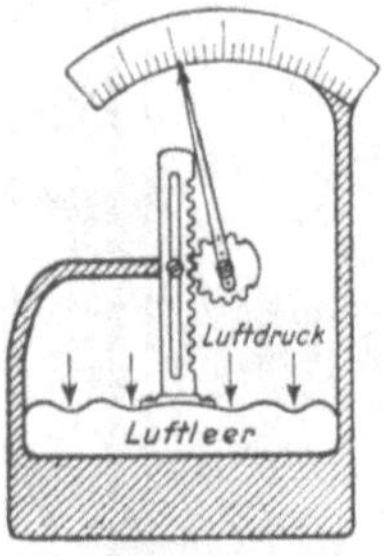

Abb. 189a.
Einfaches Metallbarometer

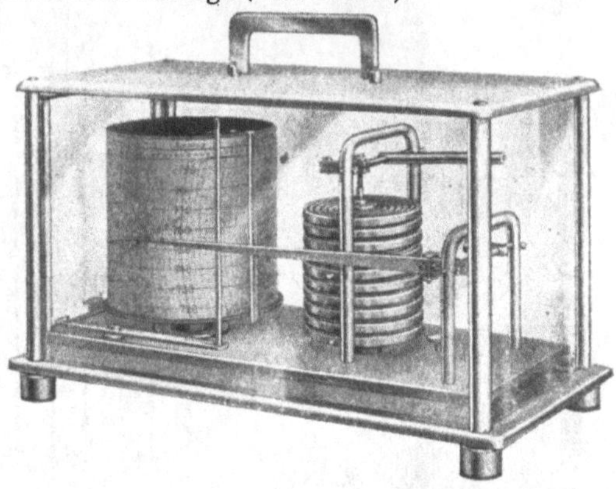

Abb. 189b.
Barograph (Luftdruckschreiber) (Foto Fueß)

3. **Barographen** oder Luftdruckschreiber (Abb. 189b) zeichnen den veränderlichen Luftdruck auf. Am Zeichenstift wird eine Trommel vorbeigeführt, die durch ein Uhrwerk gedreht wird. Über die Verwendung des Barometers zur Höhenmessung und Herstellung von Wetterkarten siehe Abschn. IX.

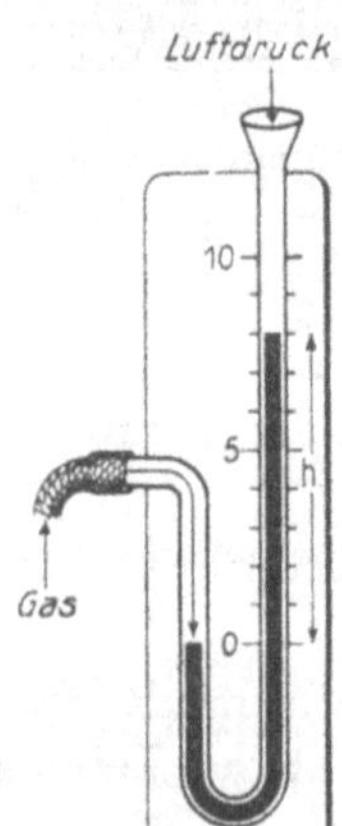

Abb. 190.
Messung des Gasdrucks mit offenem Manometer

5. Messung von Gasdrucken. Gasdruck und Verdichtung

a) Es soll der Druck gemessen werden, unter dem das Leuchtgas aus der Gasleitung strömt (Abb. 190). Dazu benutzt man ein U-förmiges Rohr (offenes Manometer), das in der Biegung mit Wasser gefüllt ist und mit dem kurzen Schenkel an die Gasleitung angeschlossen ist. Steht in dem langen Schenkel die Wassersäule WS h = 8 cm höher als in dem kurzen, so ist der

Gasdruck = Druck der emporgetriebenen WS + Luftdruck.

Das Gas hat demnach einen Überdruck von 8 cm WS über den Luftdruck. Starke Gasdrucke und Dampfspannungen werden mit dem Metallmanometer gemessen (Kohlensäurebomben!), ebenso wie starke Drucke beim Wasser.

In der Technik wird der Überdruck zumeist in atü gemessen. 1 atü = 1 Atmosphäre Überdruck. Luft im Fahrradschlauch hat rund 2,5 atü, im Autoreifenschlauch 3 bis 5 atü.

b) Anwachsen des Gasdrucks mit der Verdichtung.

Wird in einen Zylinder (Abb. 191) von 1200 cm^3 Volumen und einem Druck von 2 at der Kolben hineingedrückt, wobei die Temperatur gleich bleibt, so steigt der Gasdruck nach folgender Tabelle:

Volumen cm^3	1200	600	400	300
Druck	2 at	4 at	6 at	8 at

Die Rechnung ergibt: Volumen mal Druck = 2400, d. h. **eine feste Zahl.** Wird bei gleichbleibender Temperatur das Volumen auf $^1/_2$, $^1/_3$, $^1/_4$ usw. zusammengedrückt, so steigt der Druck auf das 2-, 3-, 4fache usw.

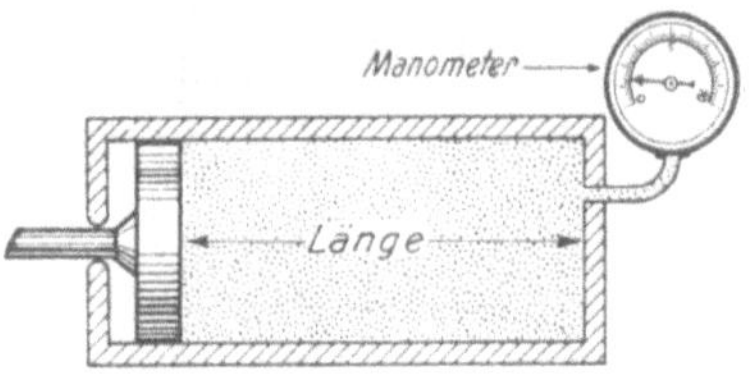

Abb. 191. Kompressor[1]). Beim Eindrücken des Stempels steigt der Gasdruck im Zylinder

Auch Dämpfe, insbes. Wasserdämpfe, zeigen eine Spannung, die in mm QS oder in at gemessen wird.

6. Der Auftrieb in Flüssigkeiten und in der Luft

a) Taucht man ein Glas (Flasche) mit der geschlossenen Seite ins Wasser, so merkt man einen Auftrieb (↑), d. h. eine Kraft, die nach oben treibt. Deutlich merkt man auch den Auftrieb, wenn man ins Wasser springt.

Versuch (Abb. 192): Wiege einen an einem Faden hängenden Stein mit einer Waage (Federwaage). Dann lasse ihn in einen Meßzylinder mit Wasser tauchen. Die Waage zeigt gegenüber dem vorher angezeigten Gewicht z. B. einen Gewichtsverlust von 20 g, und gleichzeitig ist das Wasser im Meßzylinder um 20 cm^2 gestiegen. Um Gleichgewicht zu erhalten, müssen daher auf die linke Waagschale 20 g aufgelegt werden.

Ergebnis: Jeder Körper verliert im Wasser soviel an Gewicht, wie die verdrängte Wassermenge beträgt.

Das gleiche gilt auch für andere Flüssigkeiten.

---

[1]) Von comprimere (lat.) = zusammendrücken.

Die Richtigkeit dieses sog. Archimedischen Prinzips[1]) ergibt sich auch, wenn wir z. B. einen zylindrischen Körper senkrecht in Wasser untertauchen (Abb. 193). Nach den Druckgesetzen für Flüssig-

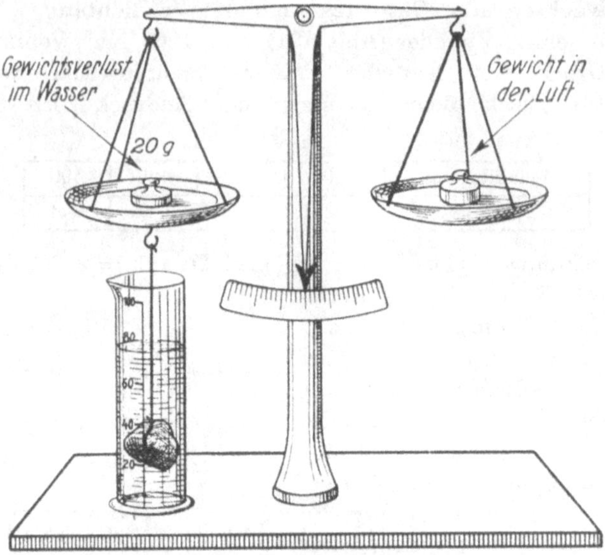

Abb. 192. Auftrieb im Wasser

keiten ist der Aufdruck auf die Grundfläche G um die verdrängte Wassermenge größer als der Druck auf die Deckfläche D des Zylinders. Den Überdruck nach oben bezeichnet man als Auftrieb.

Auftrieb = Gewicht der vom Körper verdrängten Flüssigkeitsmenge.

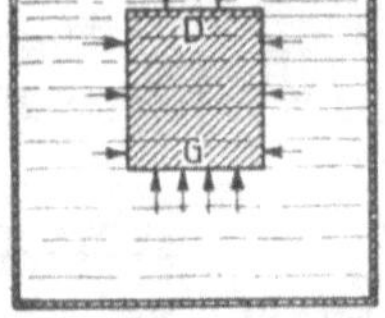

Abb. 193. Auftrieb = Aufdruck auf Grundfläche — Druck auf Deckfläche

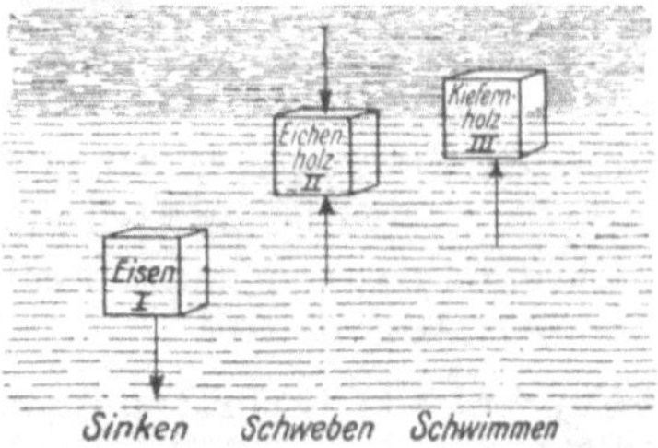

Abb. 194. Eigengewicht und Auftrieb im Wasser

[1]) Von principium (lat.) = Grundlage, Grundsatz; Archimedes, griech. Mathematiker und Physiker um 220 v. Chr.

b) Das Schwimmen (Abb. 194): Man taucht der Reihe nach drei Würfel mit der Kantenlänge 1 dm in Wasser, und zwar einen Würfel I aus Eisen, II aus feuchtem Eichenholz und III aus Kiefernholz. Sämtliche Würfel erfahren einen Auftrieb von 1 kg. Der Würfel I wiegt 7,8 kg, II 1 kg, III 0,5 kg. Daher beträgt das Sinkgewicht bei I (7,8 — 1) = 6,8 kg, bei II sind Auftrieb und Gewicht gleich, II schwebt also. Bei III bleibt ein Auftrieb von (1 —0,5) = 0,5 kg, d.h. III schwimmt. Er taucht nur bis zur Hälfte ein.

Ein Körper sinkt, schwebt oder schwimmt in einer Flüssigkeit, je nachdem sein Artgewicht größer, gleich oder kleiner als das Artgewicht der Flüssigkeit ist.

Aräometer[1]) oder Senkwaagen (Abb. 195) sind spindelförmige Glaskörper, die unten mit Schrot oder Quecksilber beschwert sind und dadurch lotrecht im Wasser schwimmen. Das Aräometer taucht um so weniger tief in eine Flüssigkeit ein, je größer ihr Artgewicht ist. Aus der Eintauchtiefe kann daher das Artgewicht von Flüssigkeiten bestimmt und an einer in der Spindel befindlichen Teilung abgelesen werden. Anwendung zur Bestimmung der Artgewichte von Säuren und anderen Lösungen bei den Sammlern.

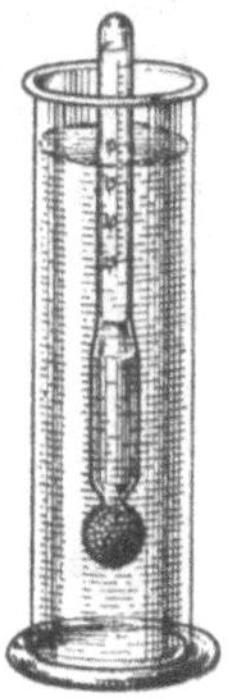

Abb. 195. Senkwaage

c) Für das Aufsteigen und Schweben in der Luft gelten die entsprechenden Gesetze wie für das Wasser. Den Auftrieb können wir feststellen, indem wir einen Gasballon mit Leuchtgas füllen und unten ein kleines Gewicht daran hängen, so daß er gerade schwebt. Da die Luft 770mal leichter als das Wasser ist, so ist es schwierig, Stoffe in der Luft zum Schweben oder gar zum Aufsteigen zu bringen. Ein solches Aufsteigen ist nur bei Gasen möglich, die ein geringeres Raumgewicht als die Luft haben, wie Leuchtgas, Helium und Wasserstoff.

Kohlensäure .	1,53 (1,98)	Stickstoff	. 0,97 (1,25)
Sauerstoff	1,11 (1,43)	Leuchtgas .	0,43 (0,56)
Luft .	1,0 (1,29)	Helium .	0,14 (0,18)
	Wasserstoff .	00,7 (0,09)	

Artgewicht von Gasen, bezogen auf Luft bei 0° C und 760 mm QS (in Klammern Gewicht von 1 m³ in kg)

[1]) Von areios (griech.) = dünn. Aräometer = Dichtigkeitsmesser.

d) Ballone und Luftschiffe. Erst als der Mensch gelernt hatte, größere Gasmengen in dichte Hüllen einzuschließen, war es möglich, in die Luft emporzusteigen. Wenn auch das Artgewicht der leeren Hülle nebst Tragkorb, Geräten und Besatzung weit größer ist als das der Luft, so ist doch das durchschnittliche Artgewicht des gefüllten Ballons mit Zubehör kleiner als das der Luft.

1. **Freiballone.** Der erste Fesselballon (1783) war mit angewärmter, also verdünnter Luft gefüllt. Heute kommt als Füllmittel besonders Leuchtgas in Frage. Ein 2000 m³ umfassender Ballon verdrängt 2000 m³ Luft, die rund 2000 mal 1,3 = 2600 kg wiegt. Der mit Leuchtgas gefüllte Ballon dagegen wiegt nur 2000 mal 0,56 = 1120 kg. Beträgt nun das Gewicht des Ballons und des Tragkorbes rund 700 kg, so beträgt seine Steigkraft 2600 — (1120 + 700) = 780 kg.

Da die Luft nach oben dünner wird, steigen Freiballone nicht unbegrenzt empor, sondern nur bis zu einer gewissen Höhe, die man annähernd im voraus bestimmen kann. 1931 erreichte der belgische Prof. Piccard eine Höhe von 16500 m.

Registrierballone werden von Wetterdienststellen zur Untersuchung der Wind-, Luftdruck- und Temperaturverhältnisse emporgelassen. Sie tragen selbstregistrierende Meßgeräte und sinken nach dem Platzen der Hülle vermöge eines eingebauten Fallschirms langsam zur Erde.

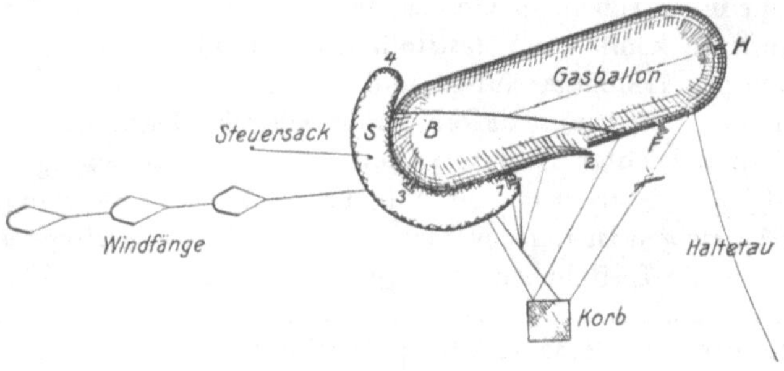

Abb. 196. Fesselballon (frühere Form)
Der Steuersack (S) füllt sich durch Ventil (1) selbsttätig;
2 = Windeinlaß für den gasfreien Ballonteil (B); 3 und 4 = Windauslässe;
F = Füllansatz; H = Hauptventil

Pilotballone werden von der Truppe zur Ermittlung des Höhenwindes benutzt. Mit Hilfe eines Ballontheodoliten (Winkelmeßgerät zur Messung von Seiten- und Höhenwinkeln) wird der Weg des kleinen roten Gummiballons verfolgt und daraus die Windrichtung und Windgeschwindigkeit in verschiedenen Höhen bestimmt.

2. **Fesselballone** dienen nur militärischen Aufgaben zur Beobachtung des Vorgeländes und zur Sperrung von Luftgebieten. Die Einrichtung ist aus Abb. 196 ersichtlich. Durch den Steuersack wird ein Hin- und Herschleudern verhindert. Sie stehen mit der Längsachse in der Windrichtung.

3. **Luftschiffe** sind lenkbar. Nur das starre Luftschiff des Grafen Zeppelin hat sich bisher bewährt. Als Traggas wird Wasserstoff und Helium verwandt.

Angaben über LZ 129 „Hindenburg": Länge 248 m, Durchmesser 41 m, Gasinhalt 190000 m^3, Gewicht 195000 kg, Antrieb durch 4 Dieselmotoren von je 1000 PS Leistung, Geschwindigkeit **140 km/st.**

IX. Lufthülle und Wetter

Die genaue Kenntnis der Lufthülle und der Wetterverhältnisse ist für den Flakartilleristen ebenso wichtig wie für den Flieger. Der Flakartillerist muß 1. die Witterungseinflüsse beim Schießen ausschalten, und 2. kann er aus der Wetterlage Rückschlüsse auf die Unternehmungen der gegnerischen fliegenden Verbände ziehen.

Der Flieger muß insbesondere zwei Dinge kennen: den Verlauf der Wettervorgänge im großen, wie sie die Wetterkarten bieten, und die Erscheinungen im kleinen, wie sie durch die örtliche Bodengestaltung hervorgerufen werden.

1. Eigenschaften der ruhenden Luft

a) **Die Zusammensetzung der Luft** in verschiedenen Höhen zeigt die Abb. 197. Die Luft ist ein Gasgemenge, dessen Bestandteile sich mit der Höhe stark ändern. Die Gase der Lufthülle folgen in ihrer Anordnung dem Einfluß der Schwerkraft. Unten sind die schwersten, Sauerstoff (21 Raumteile) und Stickstoff (78 Raumteile), ferner 1 Raumteil Argon. Während der Anteil an Stickstoff bis 40 km Höhe zunimmt, wird der Sauerstoffanteil entsprechend geringer. Oben herrscht das leichteste aller Gase, der Wasserstoff, vor. Oberhalb von 40 km Höhe reicht der Sauerstoffgehalt zum Antrieb von Verbrennungsmotoren nicht mehr aus.

Die untere Luftschicht, in der sich die Wettervorgänge abspielen, bis rund 12 km Höhe (an den Polen bis 9 km, am Äquator bis 16 km) bildet die sog. Troposphäre[1]). Die sich darüber breitende bis zu

[1]) Von tropos (griech.) = Wendung, Veränderung und sphaira = Kugel.

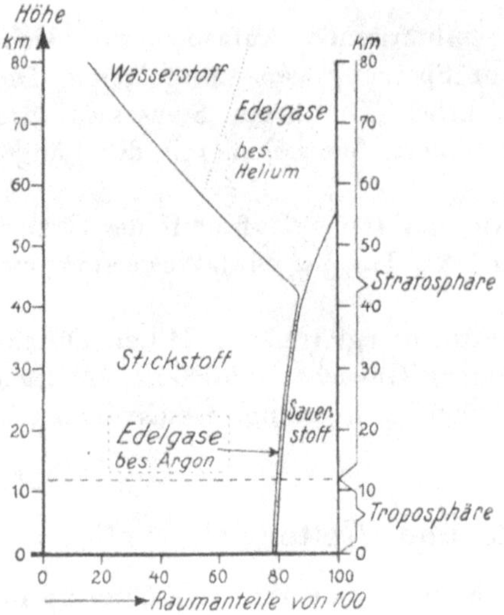

Abb. 197. Zusammensetzung der Luft in verschiedenen Höhen

100 km reichende mittlere Luftschicht ist die sog. Stratosphäre[1]). Hier herrscht stets eine annähernd gleiche Temperatur und keine Bewegung der Luft.

In der unteren Luftschicht der Troposphäre bildet der durch Verdunstung des Wassers an der Erdoberfläche entstehende Wasserdampf noch einen wesentlichen Bestandteil.

b) Luftdruck und Höhe. Der Luftdruck nimmt mit der Höhe ab, da ja die drückende Luftsäule geringer wird. In 2000 m Höhe beträgt der Luftdruck im Jahresmittel nur noch rund 600 mm, in 4000 m rund 460 mm und in 8000 m rund 270 mm QS. Abb. 198 gibt eine Darstellung der Abnahme des Luftdrucks mit

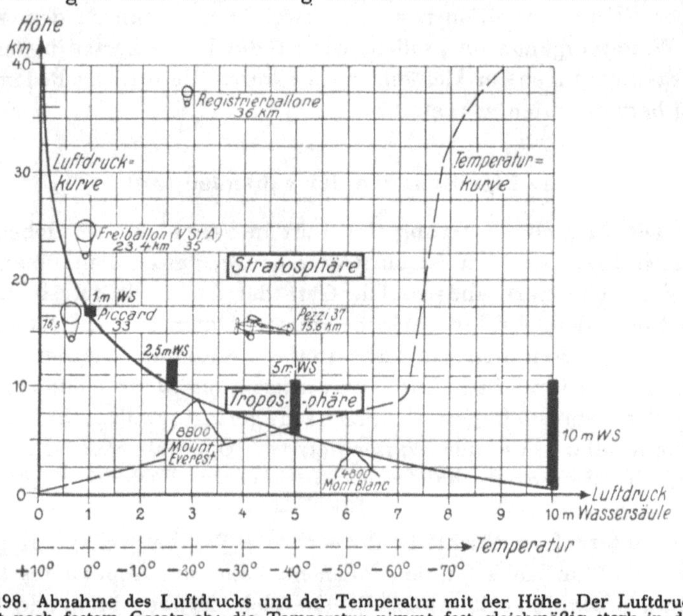

Abb. 198. Abnahme des Luftdrucks und der Temperatur mit der Höhe. Der Luftdruck nimmt nach festem Gesetz ab; die Temperatur nimmt fast gleichmäßig stark in der Troposphäre ab, weiterhin in der unteren Stratosphäre dagegen wenig (—60° bis —70°).

[1]) Von stratus (lat.) = ausgebreitet, hingestreckt.

der Höhe. Während man in der Nähe des Bodens immer je 10,5 m emporsteigen muß, bis die Quecksilbersäule um 1 mm sinkt, beträgt die sog. „barometrische Höhenstufe“, d. i. die Höhenstrecke für die Abnahme der Quecksilbersäule um 1 mm, bei 3000 m Höhe 16 m und bei 9000 m Höhe 23 m.

Da sich der Luftdruck mit der Höhe gesetzmäßig ändert, so benutzt man das Barometer bei Flugzeugen und Luftschiffen als Höhenmesser. Auf dem Metallbarometer wird eine Höhenteilung angebracht, die dem durchschnittlichen Luftdruck entspricht. Diese Teilung ist noch mit einer Einstellvorrichtung versehen, so daß jederzeit der jeweilige Luftdruck eines überflogenen Ortes der Höhe 0 zugeordnet werden kann. Denn der Höhenmesser gibt in der Regel nur die Höhe über dem Meeresspiegel bei normalem Luftdruck an. Da aber der Flieger die Höhe über dem Erdboden wissen muß, so wird ihm der Barometerstand an den überflogenen Orten durch Funknachrichten mitgeteilt, damit er die Nullmarke des Höhenmessers einstellen kann. Im Nebel ist der Flugzeugführer ganz auf seine Meßgeräte angewiesen. Durch Unachtsamkeit kann er leicht schweren Schaden erleiden.

Abb. 199. Feingrobhöhenmesser Ablesung 3,23 km (Foto Fueß)

Die Flugzeuge sind vielfach mit zwei Höhenmessern, einem Grob- und einem Feinhöhenmesser oder einer Vereinigung beider, einem Feingrobhöhenmesser (Abb. 199), ausgerüstet. Die feine Teilung hat einen Meßbereich von 0 bis 1000 m und zeigt Höhenunterschiede von wenigen Metern an. Sie dient insbesondere als Landungshöhenmesser. Die Kordelschraube unten ermöglicht die Einstellung auf den jeweiligen Luftdruck eines überflogenen Ortes und damit auf die jeweilige Höhe über Grund.

Um den Luftdruck verschiedener Orte vergleichen zu können, rechnet man ihn für die Meereshöhe um. Verbindet man dann auf einer Karte Orte gleichen Luftdrucks, so heißen die sich ergebenden Linien Isobaren[1]), die man auf allen Wetterkarten findet. Ein Gebiet hohen Luftdrucks nennt man **Hoch** (Maximum), ein Gebiet niederen Luftdrucks **Tief** (Minimum).

[1]) Von isos (griech). = gleich und barys = schwer.

c) Lufttemperatur am Boden und in der Höhe.

Die ungleichmäßige Erwärmung der Erde verursacht hauptsächlich die Veränderung des Luftdrucks und beeinflußt damit die Wettergestaltung. Die Sonnenstrahlen erwärmen die Luft beim Durchgang nur gering. Sie geben ihre Wärme an den Erdboden ab, der durch

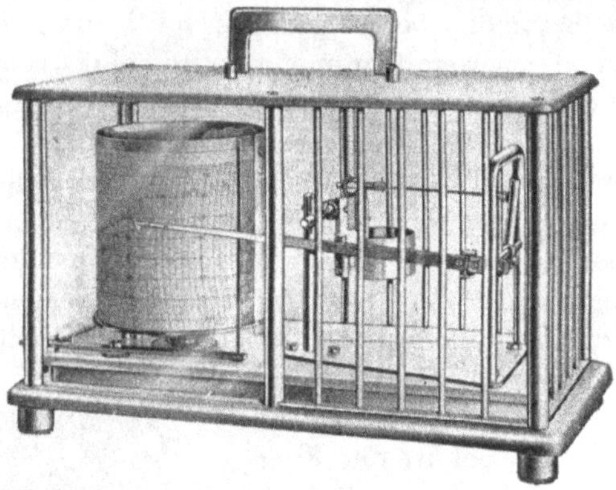

Abb. 200 a. Thermograph (Wärmeschreiber) (Foto Fueß)

Leitung und Strömung die unteren Luftschichten erwärmt. Denn nur so ist es erklärlich, daß die höheren Luftschichten erheblich kälter sind als die Luftschichten am Boden. Die Abb. 198 gibt, ausgehend von einer Temperatur am Boden von $+10^0$, eine Darstellung der Temperaturabnahme mit der Höhe. Bis zu einer Höhe von 11 km sinkt die Temperatur fast gleichmäßig auf je 100 m um $0{,}5^0$ bis 1^0.

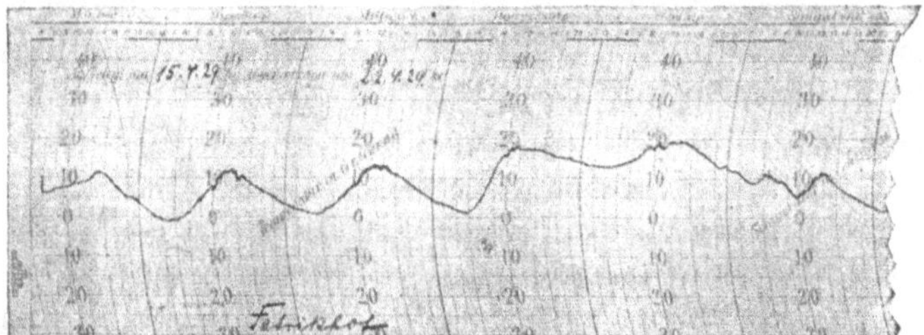

Abb. 200 b. Aufzeichnung des Temperaturverlaufs während einer Woche durch den Thermographen (Foto Fueß)

Oberhalb dieser Höhe hat man durch Registrierballone eine fast gleichbleibende Temperatur von -65^0 festgestellt. Das überraschende Verhalten der Temperatur hat Veranlassung gegeben, in der Höhe von rund 11 km eine Schichtgrenze festzusetzen, welche die Troposphäre von der Stratosphäre trennt.

In Atlanten finden sich stets Karten, in denen die Orte gleicher Durchschnittstemperatur aufgezeichnet sind. Sie heißen Isothermen[1]).

Zur selbsttätigen Aufzeichnung des Temperaturverlaufs für bestimmte Zeiträume dient der Thermograph (Wärmeschreiber, Abb. 200a), der aus einem Metallthermometer nebst Trommel und Schreibstift besteht. Bei dem Metallthermometer sind in der Regel zwei verschiedene Metallstreifen zusammengelötet, die sich verschieden ausdehnen und je nach der Temperaturveränderung krümmen oder strecken. Abb. 200b gibt ein Bild des Temperaturverlaufs einer Woche, das von einem Thermographen aufgezeichnet ist.

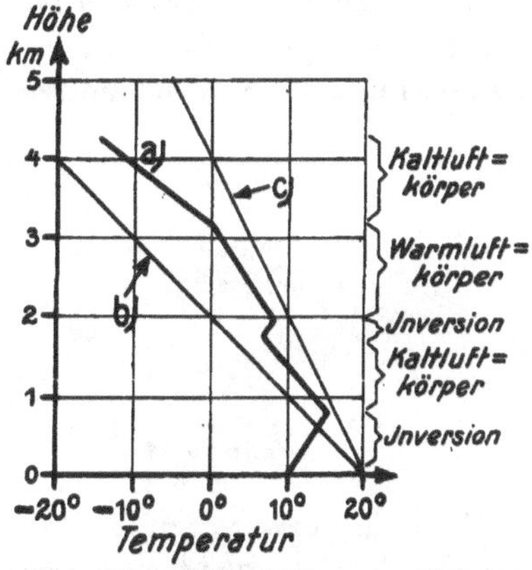

Abb. 201. a) Durch Flugzeugaufstieg gemessene Temperaturen. — b) Abkühlungslinie eines trocken aufsteigenden Luftteilchens. — c) Abkühlungslinie eines feucht aufsteigenden Luftteilchens. — Inversion (Umkehrung) bezeichnet eine Luftschicht, in der Temperaturzunahme nach oben herrscht. Sie wirkt bremsend für lotrechte Luftbewegungen

Abb. 201 gibt eine Darstellung der durch Flugzeugaufstieg gemessenen Temperaturen in den verschiedenen Höhen.

2. Bewegte Luft

a) **Winde** sind bewegte Luftmassen, die immer von Stellen höheren Luftdrucks zu solchen tieferen Drucks strömen. Werden zwei Stellen der Erdoberfläche verschieden erwärmt, so erhalten die darüber liegenden Luftschichten infolge der Ausdehnung durch die Wärme verschiedenes Artgewicht. Dadurch wird auch der Luftdruck an den beiden Orten verschieden. Zur Herstellung des gestörten Gleichgewichts strömt dann Luft von der Stelle höheren zu der niederen Drucks. Abb. 202 zeigt im senkrechten Schnitt Windströmungen, die über erwärmten Bodenstellen ent-

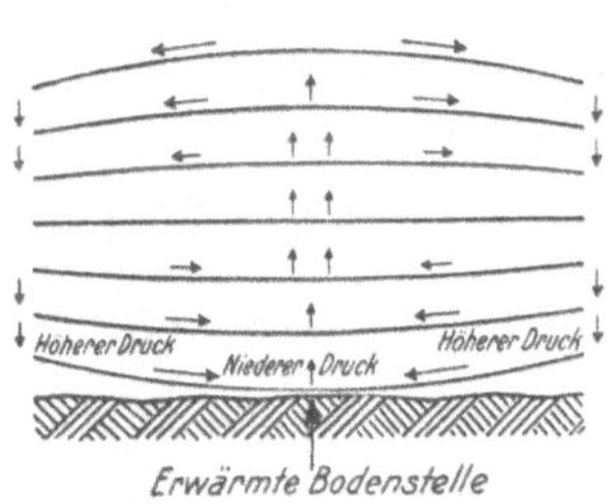

Abb. 202. Senkrechter Schnitt durch die Flächen gleichen Drucks

[1]) Von isos (griech.) = gleich und thermos = Wärme.

stehen. Die erwärmte Luft dehnt sich aus und steigt empor. Die über der aufsteigenden erwärmten Luft befindlichen Schichten werden ebenfalls nach oben gedrückt und schließlich seitlich abgedrängt, so daß ein Kreislauf entsteht. Ein Beispiel für solche örtlichen Windströmungen ist das Auftreten des Seewindes am Tage und des Landwindes bei Nacht (Abb. 203). Sie werden dadurch hervorgerufen, daß sich das Land schneller erwärmt und wieder abkühlt als das Wasser.

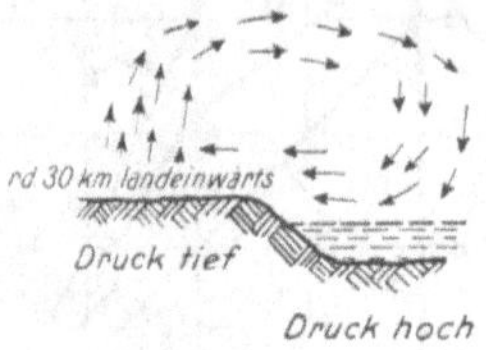

Abb. 203 a. Entstehung des Seewindes am Mittag

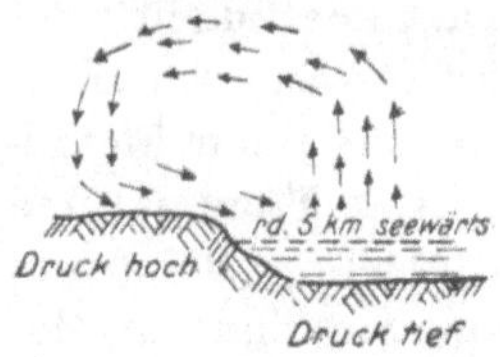

Abb. 203 b. Entstehung des Landwindes nach Mitternacht

Über der erwärmten Stelle besteht ein geringerer Luftdruck, ist also ein Tief vorhanden, zu dem die Luft von den Hochdruckstellen strömt.

Auf den Wetterkarten werden durch Linien die Gebiete gekennzeichnet, die tieferen Luftdruck haben, also Tiefs, und solche, die höheren Luftdruck haben, also Hochs.

In ein Tief strömen die Winde von allen Seiten in spiraligen Bahnen, die auf der nördlichen Halbkugel im Gegensinne der Richtung des Uhrzeigers verlaufen (Abb. 204); aus einem Hoch strömen sie in spiraligen Bahnen heraus, die im Sinne des Uhrzeigers verlaufen

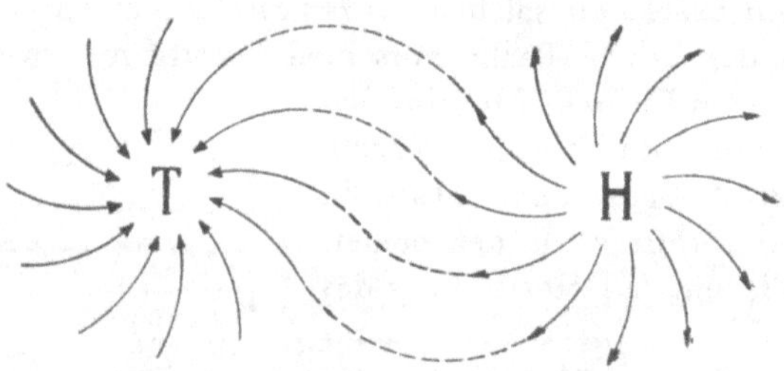

Abb. 204. Luftbewegung im Tief- und Hochdruckgebiet

Ein Flugzeug hat immer Rückenwind, wenn es an einem Tiefdruckgebiet rechts und an einem Hochdruckgebiet links vorbeifliegt.

Den ein Tief umgebenden linksdrehenden Windwirbel bezeichnet man als Zyklone[1]), den rechtsdrehenden um ein Hoch als Antizyklone[1]).

Der Wind strömt nicht geradlinig von einem Orte höheren zu einem solchen tieferen Drucks. Denn infolge der Erddrehung wird er auf der nördlichen Halbkugel nach rechts, auf der südlichen nach links abgelenkt.

b) Die Geschwindigkeit des Windes ist um so größer, je größer der Luftdruckunterschied bei gleicher Entfernung ist; sie bedingt die Windstärke, die mit dem Schalenkreuzwindmesser (Abb. 205) gemessen wird. Auf den Wetterkarten ist die Windstärke, für die die Windskala von Beaufort gilt, durch Fähnchen angegeben. Die Pfeile bezeichnen die Richtung. Skala der Windstärke s. Anhang.

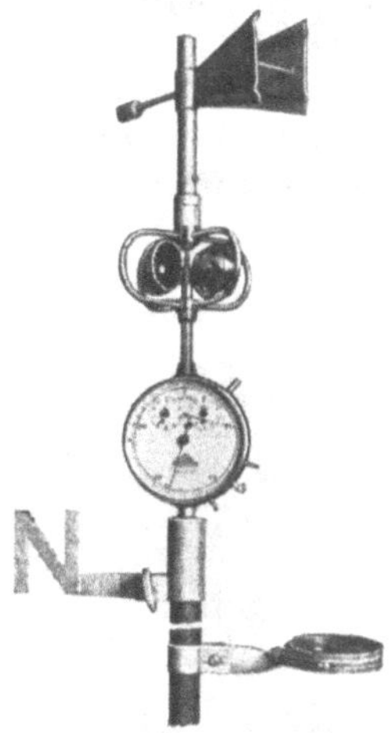

Abb. 205. Schalenkreuzwindmesser mit Windfahne, Richtungsbuchstabe N und Kompaß (Foto Fueß)

3. Wasserdampf in der Luft, Wolken und Niederschläge

a) Luftfeuchte. Die Verdunstung an der Erdoberfläche, besonders über freien Wasserflächen und feuchten Gebieten, führt der Lufthülle ständig Wasserdampf zu. Die Grenzen der Aufnahmefähigkeit der Luft Wasserdampf zeigt die nachstehende Übersicht (Tabelle):

Temperatur in °C . .	—50	—40	—30	—20	—10	0	+10	+20	+30
g Wasserdampf in 1m³	0,04	0,12	0,33	0,88	2,14	4,84	9,2	17,2	30,3

Da in den hohen Schichten, insbesondere in der Stratosphäre, tiefe Temperaturen herrschen, so ergibt sich ohne weiteres aus der Übersicht die Durchsichtigkeit der hohen Wolken und das Nichtvorhandensein von Wolken in der Stratosphäre.

Der in 1 m³ vorhandene Wasserdampf heißt die **absolute**[2]) **Feuchtigkeit**; das Verhältnis des in der Luft vorhandenen Wasserdampfes zur größtmöglichen Menge heißt die **relative**[3]) **Feuchtigkeit.**

---

[1]) Vom griech. kyklos = Kreis, Umkreisung (Drehwind); anti (griech.) = gegen.
[2]) Von absolutus (lat.) = losgelöst, unbedingt.
[3]) Von relativus (lat.) = Bezug habend auf etwas.

Herrscht z. B. eine Temperatur von 20° und enthält die Luft je 1 m³ nur 12,9 g Wasserdampf, so besteht eine relative Feuchtigkeit von $\frac{12,9}{17,2} = 0,66 \approx 67\,\%$, da nach der Tabelle 1 m³ Luft bei 20° 17,2 g Wasserdampf aufnehmen kann. Der Feuchtigkeitsgehalt der Luft wird z. B. mit dem Haarhygrometer[1]) (Abb. 206) gemessen. Bei diesem wird ein entfettetes Menschenhaar benutzt, das sich mit zunehmendem Wassergehalt der Luft verlängert. Der Wassergehalt eines entfetteten Haares in der Luft hängt vorwiegend von der relativen Feuchtigkeit der Luft ab. Darauf und auf die mit zunehmendem Wassergehalt eintretende Verlängerung des Haares ist das Haarhygrometer gegründet. Es ist um eine drehbare Welle geschlungen, an der ein Zeiger befestigt ist.

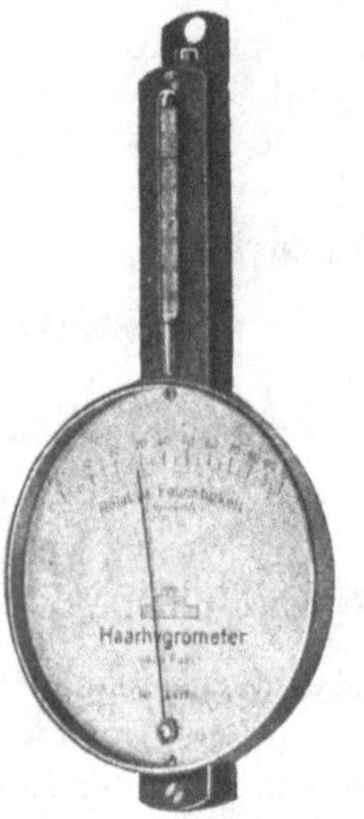

(Foto Fueß)
Abb. 206. Haarhygrometer

Luft, die je 1 m³ die bei der bestehenden Temperatur nur mögliche Dampfmenge enthält, heißt **gesättigt** und die Temperatur, bei der diese Sättigung eintritt, **Taupunkt.** — Enthält z. B. Luft (s. Übersicht S. 137) von 20° je 1m³ nur 9,2 g Dampf, so ist sie ungesättigt. Das trifft auch noch zu bei Abkühlung auf 16°, 14°, 12°. Erst bei Abkühlung auf 10° vermag sie nur 9,2 g Dampf aufzunehmen, ist also jetzt gesättigt. Die Temperatur 10° ist also hier der Taupunkt. — Wird der Taupunkt unterschritten — man denke an das Beschlagen der Fenster bei sinkender Außentemperatur —, so kann die Luft die Dampfmenge nicht mehr aufnehmen und muß einen Teil ausscheiden. So entstehen Nebel in den unteren Luftschichten und Wolken in den oberen.

b) Wolken und Niederschläge. Steigt feuchte Luft auf, so wird sie wegen der mit zunehmender Höhe abnehmenden Temperatur in einer bestimmten Höhe eine Temperatur annehmen, die ihrer Sättigung entspricht. Bei weiterem Aufsteigen unterschreitet sie den Taupunkt und muß daher den überschüssigen Wasserdampf ausscheiden. Es tritt Nebel-, Wolken- und Niederschlagsbildung ein.

Weil dabei Wärme frei wird, findet bei aufsteigender feuchter Luft auf je 100 m eine geringere Temperaturabnahme, etwa 0,5°,

[1]) Von hygros (griech.) = naß, feucht.

statt, während sonst 1° zu rechnen ist (vgl. Abb. 201). Aufsteigende Luft, wie sie in jedem Tiefdruckgebiet besteht, führt also zur Sättigung, Kondensation, Wolken- und Niederschlagsbildung und damit zu **schlechtem** Wetter. Absteigende Luft, wie sie über dem Hochdruckgebiet herrscht, erwärmt sich, trocknet dabei die mit ihr in Berührung kommenden Schichten aus und wirkt somit wolkenauflösend

Abb. 207 a. Hauptwolkenformen in mittleren Höhenlagen (nach Prochnow, Die Lufthülle der Erde aus „Erdball und Weltall")

Schlechtwetterwolken:
1. Zirrus (Ci.) = Federwolken
2. Zirrostratus (Ci.-St.) = Schleierwolken
3. Zirrokumulus (Ci.-Cu.) = feine Schäfchenwolken
4. Altokumulus (A.-Cu.) = grobe Schäfchenwolken
5. Altostratus (A.-St.) = hohe Schichtwolken (gehen Aufzug eines Schlechtwettergebietes voraus)
6. Kumulusnimbus (Cu.-Ni.) = Gewitter- oder Böenwolken
7. Nimbus (Ni.) = formlose Regenwolken

Schönwetterwolken:
1. Altokumulus (A.-Cu.) = grobe Schäfchenwolken
2. Altostratus (A.-St.) = hohe Schichtwolken
3. Stratokumulus (St.-Cu.) = Haufenschichtwolken
4. Kumulus (Cu.) = Haufenwolken
5. Stratus (St.) = niedrige Schichtwolken (Hochnebel)

und aufklarend, verursacht also **schönes** Wetter. Das gilt auch, wenn die Luftmassen dabei noch einen waagerechten Weg zurücklegen.

Die bei den Luftströmungen entstehenden Wolkenformen geben untrüglich Auskunft über die Art der Luftbewegung.

Stark aufwirbelnde Luft bewirkt Quellformen, z. B. Kumulus-[1] oder Haufenwolkentürme, das mehrfache Aufgleiten von Luftmassen Schicht- oder Stratuswolken[2]), dagegen ergibt absteigende Luft Auflösungsformen, das sind linsenförmige Wolken mit zarten Rändern.

c) Abb. 207a zeigt **Wolkenformen** nebst ihren mittleren Höhen.

1. Haufenwolken (Kumulus) haben nach oben pralle und kugelige Form.

2. Schichtwolken (Stratus) sehen aus wie übereinanderliegende schwebende Nebelschleier.

3. Regenwolken (Nimbus)[3]) sind dichte graublaue Wolken ohne besondere Formung, die ihren Gehalt an Wasserdampf nicht mehr tragen können. Die Verdichtung des Dampfes zu Wassertropfen erfolgt leicht an Staubteilchen (Kondensationskerne).

Abb. 207b. Wolkenspiegel zur Beobachtung des Wolkenzuges (Foto Fueß)

4. Gewitterwolken sind große turmartige Haufenwolken, die oft in wenigen Minuten bis zu Tausenden von Metern emporschießen. Ihre Formen zeugen von starken Aufwinden. Bei strahlender Sonne und Windstille können sehr feuchte erwärmte Luftmassen — die Luft heißt „schwül" — schnell emporsteigen. Bei den starken Aufwinden bilden sich die bekannten großen Regentropfen („Platzregen").

5. Federwolken (Zirrus)[4]) schweben in großer Höhe wie feine weiße Streifen oder zerschlitzte Federn dahin.

Weitere Wolkenformen sind noch in Abb. 207a angegeben. Abb. 207b zeigt einen Wolkenspiegel zur Bestimmung des Wolkenzuges.

Niederschläge wie Graupeln und Hagel entstehen, wenn in der warmen Jahreszeit oder in wärmeren Gegenden feuchtwarme Luft in große Höhen mit sehr niedriger Temperatur gelangt.

Zu beachten ist noch, daß Nebel und Wolken im Grunde nicht verschieden sind. Beide bestehen aus kleinen Wassertröpfchen von 0,02 mm Durchmesser oder entsprechend kleinen Eisnadeln.

---

[1]) Von cumulus (lat.) = Haufen.
[2]) Von stratus (lat.) = hingestreckt, ausgebreitet.
[3]) Von nimbus (lat.) = Sturm-, Regenwolke.
[4]) Von cirrus (lat.) = Haarlocke.

d) Starke elektrische Entladungen (bis 100 Millionen Volt) beobachtet man bei heftigen Gewitterregen und Hagelschauern. Bei der Ausscheidung des Wasserdampfes der Luft und der Entstehung der Regentropfen oder Eiskristalle entsteht eine Anhäufung hochgespannter Elektrizität auf den Vorsprüngen der Wolken, die einen Ausgleich mit der entgegengesetzten Elektrizität der Erde oder anderer Wolken sucht.

4. Die Bedeutung verschiedener Luftmassen für die Wetterbildung

In neuerer Zeit hat man erkannt, daß die Ursache unseres Wettergeschehens nicht in der verschiedenen zufälligen Einstrahlung der Sonne, sondern hauptsächlich in einer Wechselwirkung zwischen der über dem Polargebiet lagernden kalten Luft und der vom Äquatorgebiet herstammenden warmen Luft zu suchen ist.

a) Verschiedene Luftmassen. Die Beobachtung der strömenden Luftmassen ist grundlegend für die Beurteilung des Wettergeschehens im großen. Nach Herkunft und Eigenschaften unterscheidet man Arktikluft (A), Luft der gemäßigten Breiten (G) und subtropische Luft (T). Für das Verhalten der Luftmassen ist es wesentlich, ob sie ihren Ursprung über dem Festland (trocken) oder über dem Ozean (feucht) haben. Man unterscheidet danach kontinentale (Festlands-) oder maritime (Meeres-)Luftmassen. Eine Luftmasse, die wärmer oder kälter ist als ihr Untergrund, heißt entsprechend Warmluft oder Kaltluft. Die vorderste Linie der Kaltluftmasse heißt Kaltfront. Die vorderste Linie der vordringenden Warmluftmasse, die sich dort befindet, wo die Kaltluftmasse zurückweicht oder zurückgedrängt wird, heißt Warmfront (Abb. 208).

Für unsere Breiten ist subtropische Luft immer Warmluft, arktische immer Kaltluft, dagegen kann Luft der gemäßigten Breiten als Warmluft oder Kaltluft auftreten.

b) Einbruchs- und Aufgleitfronten. Vom Äquator strömen warme Luftmassen nach Norden, vom Pol dagegen kalte nach Süden. Infolge der Achsendrehung der Erde wird die warme Luft nach Osten, die kalte nach Westen abgelenkt. Beide Luftmassen strömen aneinander entlang.

Stößt warme Luft in kalte vor, so steigt sie nach oben und erzeugt ein Tiefdruckgebiet mit einem linksdrehenden Windwirbel (Zyklone). Abb. 208 zeigt ein von Westen nach Osten wanderndes Tiefdruckgebiet mit senkrechtem Schnitt längs der Linie AB. Die kalten Luftmassen schieben sich von links unter die warmen und pressen sie in die Höhe.

Die Kaltfront, auf der Wetterkarte durch schwarze oder weiße aneinandergereihte Dreiecke dargestellt, hat eine steile Einbruchsfläche (Schnitt senkrecht der Linie AB) und bewirkt

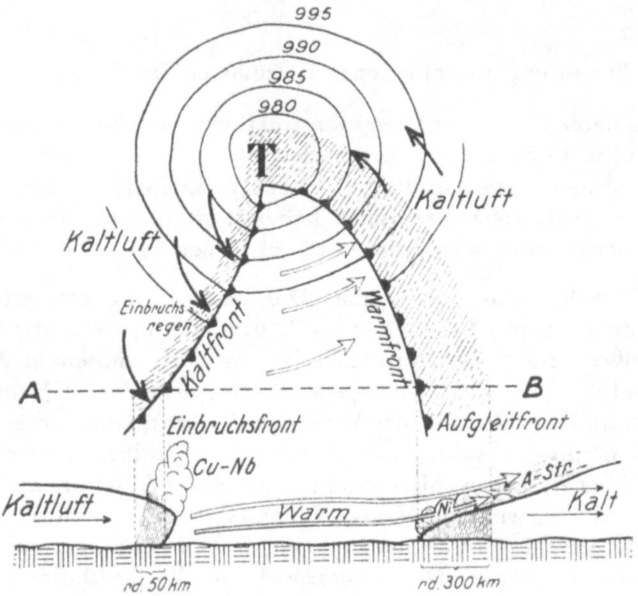

Abb. 208. Schema eines Tiefs mit senkrechtem Schnitt A—B durch die Kalt- und Warmfront. Einbruchs- und Aufgleitfront; T = Tiefdruckkern

plötzliches Aufsteigen der Warmluft[1]), starke Böen aus NW (Böenlinie). An der Einbruchsfront bilden sich mächtige Kumulusnimbuswolken, die Höhen von 4—8 km erreichen. Wegen des schnellen Fortschreitens der Kaltfront geht das schlechte Wetter schnell vorüber.

An der Warmfront, auf der Wetterkarte durch schwarze oder weiße Halbkreise bezeichnet, schiebt sich die Warmluft langsam auf die Kaltluft. Infolge des gleichmäßigen Aufgleitens entstehen an der sog. Aufgleitfront (vgl. Schnitt senkrecht der Linie AB, Abb. 208) weitreichende Regen- und Schichtwolken. Die ersten

---

¹) Die schnell aufsteigende Warmluft wird von Segelfliegern zum Aufsteigen zu größeren Höhen benutzt.

ergeben einen weite Strecken umfassenden Dauerregen. Zwischen den Fronten herrscht meist trübes Wetter mit südwestlichen Winden.

c) Für das **Wettergeschehen in Mitteleuropa** sind bestimmte Gebiete von besonderer Bedeutung. Die warme Luft, die dem Golfstrom folgt, trifft auf kalte Luftmassen, die an der grönländischen Ostküste nach Süden vordringen. Infolgedessen sind bei Island für das Entstehen von Tiefdruckgebieten besonders günstige Bedingungen gegeben. Entsprechendes gilt für das Hochdruckgebiet über den Azoren, das mit dem südlich angrenzenden Hochdruckgürtel der Erde zusammenhängt. Zwischen beiden Gebieten ist oft eine Wechselwirkung zu beobachten. Je tiefer das Islandtief, desto höher das Azorenhoch.

Sowohl dic Hoch- als auch die Tiefdruckgebiete wandern. Die Statistik der Wettervorgänge hat ergeben, daß Hochdruckgebiete zunächst das Bestreben haben, an ihrem Orte zu bleiben und sich nur langsam verschieben, daß dagegen ein Tiefdruckgebiet mit großer Geschwindigkeit gewöhnlich von Westen nach Osten fortschreitet. Man hat sogar gewisse Zugstraßen für die Bewegungen der Tiefdruckgebiete festgestellt, während für die Wanderung des Hochs die Befolgung besonderer Wege nicht nachgewiesen ist.

5. Wetterdienst und Wetterkarte (Abb. 209)

Der Reichswetterdienst, der 1934 neu geregelt ist und dem Reichsluftfahrtministerium untersteht, ist so umfassend, daß er allen Forderungen der Wehrmacht, insbesondere der Luftwaffe, genügen kann. Für den Flieger und Flakartilleristen ist der Höhenwetterdienst von besonderer Bedeutung. Der Flugwetterdienst dient der Flugsicherung und versorgt jeden Flugzeugführer auf der Strecke mittels Funkgerät mit Wetterauskünften, Angaben über Luftdruck für die Einstellung des Höhenmessers und über bevorstehende Wettergefahren.

Es ist sehr lehrreich, die „Wetterkarten des Reichswetterdienstes", die man durch die Post beziehen kann, längere Zeit zu verfolgen. Vereinfachte Wetterkarten finden sich in den größeren Tageszeitungen. Jede Wetterkarte zeigt insbesondere, daß die wetterwirksamen Vorgänge sich über sehr weite Gebiete erstrecken. Demgemäß müssen auch die Beobachtungen große Teile der Erde umfassen.

Abb. 209. Beispiel einer Zeitungswetterkarte

6. Der Einfluß des Wetters auf die Schallausbreitung

Die Ausbreitung des Schalles wird stark von Temperatur und Wind beeinflußt. Die Tabelle im Anhang zeigt, wie sich die Schallgeschwindigkeit v mit der Temperatur t ändert. Sie steigt (fällt) im Durchschnitt um 6 m/sec, wenn die Temperatur um 10° zunimmt (abnimmt). In gleichmäßig warmer (isothermer) Luft bilden die Schallstrahlen gerade Linien. Dagegen sind sie bei der gewöhnlichen Temperaturabnahme mit der Höhe nach oben sehr flach konkav gekrümmt.

Schallstrahlen können sogar, ähnlich wie in der Optik, bei starker Temperatur- und Windzunahme mit der Höhe total reflektiert werden. Der Einfluß des Windes wird durch die nachstehende Regel berücksichtigt:

1 m/sec Windzunahme ist gleichwertig mit 1,7° C
Temperaturzunahme mit der Höhe bei Wind zum Beobachter, bzw.
Temperaturabnahme mit der Höhe bei Wind vom Beobachter weg.

Umgekehrt ist 1° C entsprechend gleichwertig mit 0,6 m/sec Windsprung.

X. Aus der Physik des Fliegens

1. Der Aufbau des gewöhnlichen Motorflugzeuges

In Abschnitt VIII ist nur ganz kurz von Luftschiffen und Ballonen die Rede gewesen. Sie sind **leichter als Luft,** da sie mit Hilfe eines leichten Traggases in der Luft schweben. Flugzeuge dagegen sind **schwerer als die Luft.** Sie besitzen Flügel, an denen tragende Kräfte entstehen, wenn sie mit großer Geschwindigkeit durch die Luft bewegt werden. Das Flugzeug **fliegt** — auf dem Boden **rollt** es —, während die Luftschiffe und Ballone **fahren.**

a) Die Teile des gewöhnlichen Flugzeuges sind folgende (Abb. 210):

1. Rumpf. Er dient zur Aufnahme des Triebwerkes, der Besatzung, der Ausrüstung, des Gepäcks usw.

2. Tragwerk: die Flügel, die fest am Rumpf angebracht sind.

3. Leitwerk: die Ruder und Flossen.

4. Steuerwerk: Handrad oder Knüppel, Pedal und Steuerzüge. Das Steuerwerk dient zur Betätigung der Ruder und Flossen.

5. Fahrwerk: Fahrgestell und Sporn. Es dient der Fortbewegung des Flugzeugs auf der Erde.

Bei Wasserflugzeugen tritt an Stelle des Fahrwerks das Schwimmwerk, das aus Schwimmern besteht. Bei Flugbooten bildet der Rumpf das Schwimmwerk.

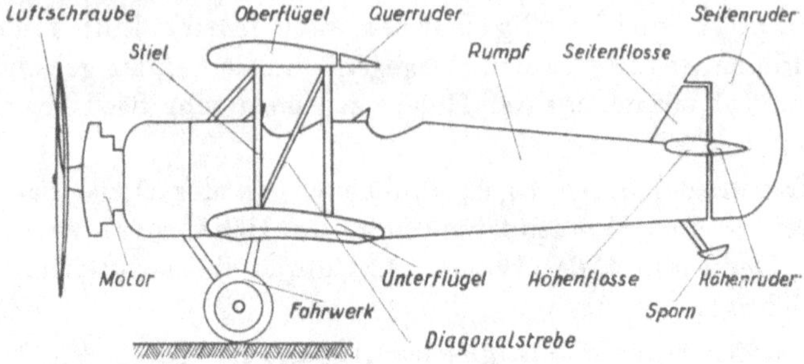

Abb. 210. Die Teile des gewöhnlichen Flugzeuges

6. Triebwerk: Motor, Luftschraube, Überwachungsgeräte des Triebwerks, Brennstoff- und Schmierstofftanks, Kühlstoffausgleichsbehälter nebst den zugehörigen Leitungen.

b) Die Anordnung der Tragflügel am Rumpf.

1. Der Einstellwinkel (Abb. 211) ist der Winkel, der von der Rumpflängsachse und der Flügelsehne gebildet wird. Dieser Winkel ist unveränderlich. Die meisten Tragflügel sind unter einem kleinen Winkel (8°) gegen die Flugzeugachse eingestellt.

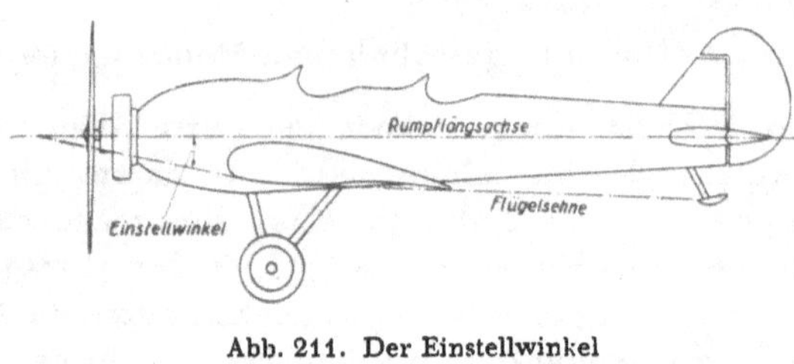

Abb. 211. Der Einstellwinkel

2. Der Anstellwinkel (Abb. 212) ist der Winkel, der von der Flügelsehne und der Anblasrichtung bzw. Flugrichtung gebildet wird. Er verändert sich mit der Stellung zur Anblasrichtung.

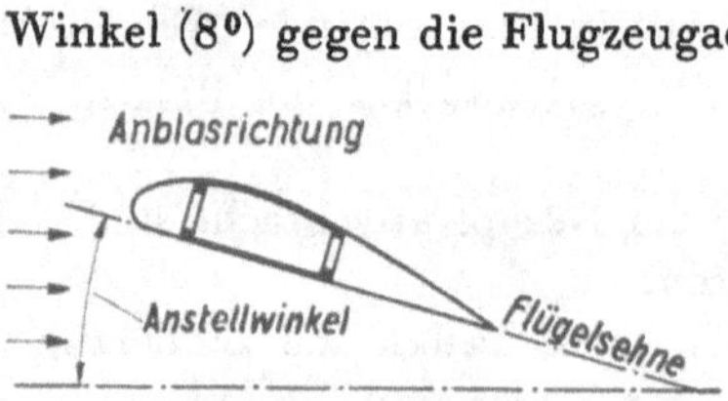

Abb. 212. Der Anstellwinkel

3. Bei Zweideckern können die Flügel senkrecht übereinander liegen oder gestaffelt (der obere vor oder hinter dem unteren) sein.

c) Die Wirkung des Leitwerkes (Abb. 213). Das Flugzeug ist im Raume nach allen Seiten frei beweglich. Es braucht daher zur Bewegungsänderung, also zur Steuerung, drei Ruder, das Höhen-, Seiten-

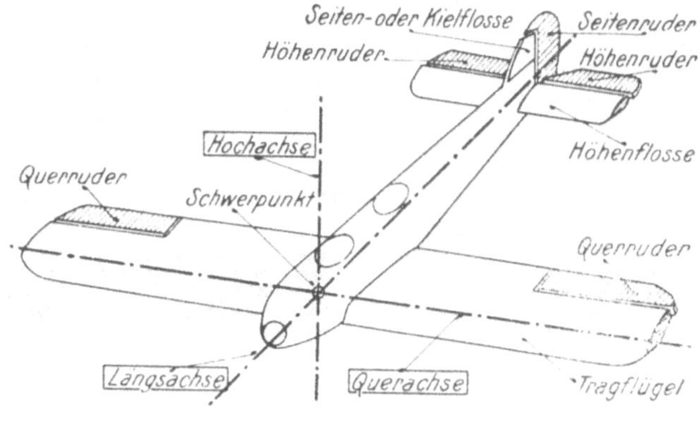

Abb. 213. Das Leitwerk

und Querruder. Dagegen sollen die Höhen- und Seitenflosse dem Flugzeug im Flug sichere Lage (Stabilität, z. B. bei Böen) gewähren und es bei Störungen wieder von selbst in die Normalfluglage bringen.

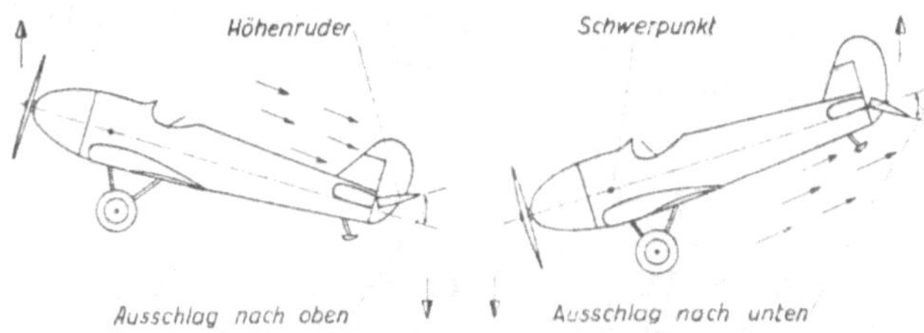

Die Luft drückt den Schwanz des Flugzeuges nach unten; das Flugzeug dreht sich um den Schwerpunkt (die Querachse), und es steigt

Die Luft drückt den Schwanz des Flugzeuges nach oben; das Flugzeug dreht sich um den Schwerpunkt (die Querachse), und es sinkt

Abb. 214. Das Höhenruder

Das Höhenruder (Abb. 214) bewirkt eine Drehung um die Querachse und damit eine Höhenänderung (Auf- und Absteigen), das Seitenruder (Abb. 215) eine Drehung um die Hochachse und damit eine Kursänderung, das Querruder eine Drehung um die Längsachse.

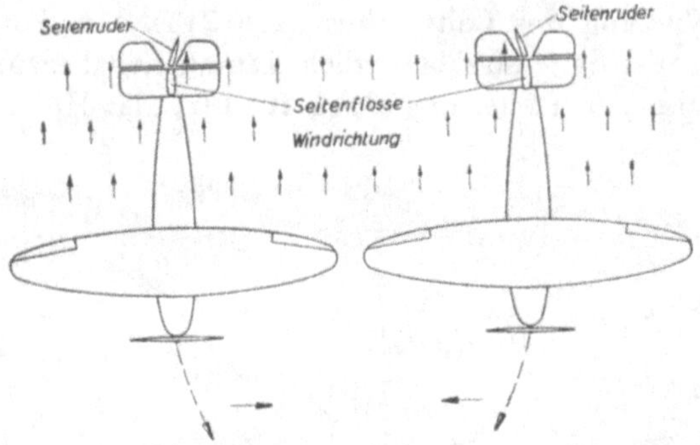

Die Luft drückt den Schwanz des Flugzeuges infolge des nach links ausgeschlagenen Seitenruders nach rechts; das Flugzeug dreht sich um seinen Schwerpunkt (Hochachse) und ändert den Kurs (Linkskurve)

Die Luft drückt den Schwanz infolge des nach rechts ausgeschlagenen Seitenruders nach links; das Flugzeug dreht sich um seinen Schwerpunkt (Hochachse) und ändert den Kurs (Rechtskurve)

Abb. 215. Das Seitenruder

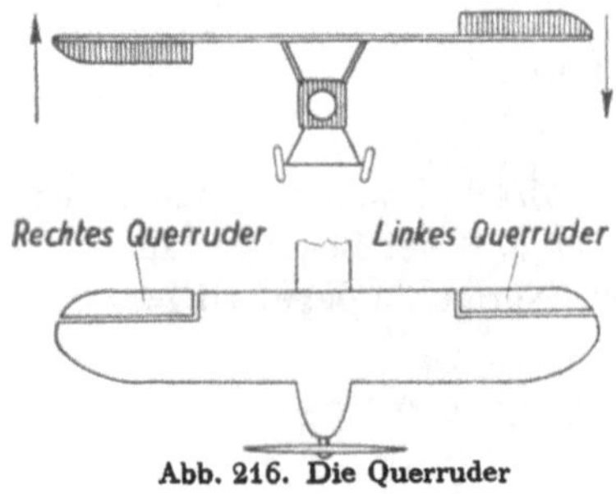

Abb. 216. Die Querruder

Die beiden Querruder bewegen sich gegenläufig (Abb. 216). Schlägt z. B. das linke Querruder nach oben aus, so bewegt sich das rechte nach unten. Dadurch wird der rechte Flügel nach oben, der linke nach unten gedrückt. Das Flugzeug wird so nach links geneigt.

2. Der Luftwiderstand

Das Geheimnis des Fliegens beruht auf der Wirkung der luftumströmten Tragflügel. Um diese Wirkung zu verstehen, muß man sich zunächst mit dem Luftwiderstand befassen, den ein Körper einem Luftstrom bietet.

Versuch: Bläst man kräftig gegen die locker gehaltene Hand oder gegen eine kreisförmige Pappscheibe (Abb. 217a), die man an einem Holzstäbchen hält, so verspürt man eine Kraft, die die Hand nach rückwärts zu drücken sucht, den sog. Luftwiderstand. Dieser wird größer oder kleiner, je nachdem man stärker oder schwächer bläst.

Weiter zeigen größere Scheiben einen größeren, kleinere einen kleineren Luftwiderstand.

Den Luftwiderstand verspürt auch ein Radfahrer, der gegen starken Wind fährt; ebenso, wenn er bei Windstille mit großer Geschwindigkeit dahinfährt. Dabei ist der Luftwiderstand der gleiche, wenn nur in beiden Fällen die Geschwindigkeit dieselbe ist.

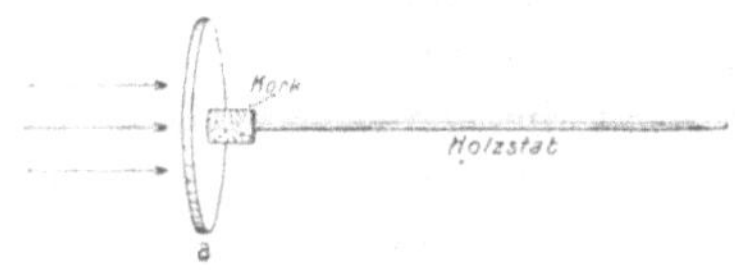

Abb. 217a. Luftwiderstand einer Scheibe

In der Flugtechnik ist es wegen der Vereinfachung der Versuche üblich, das Flugzeug als ruhend und als vom Fahrtwind angeblasen zu betrachten. Man spricht daher meist von Anblasrichtung.

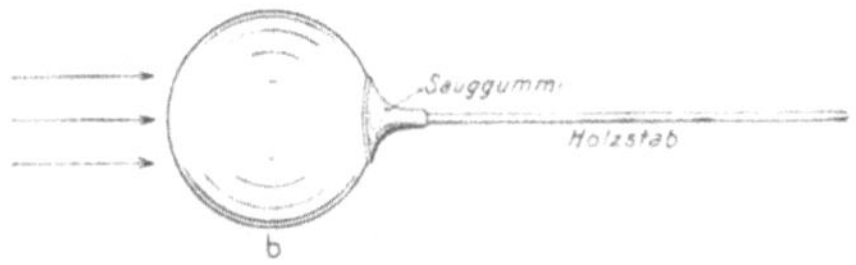

Abb. 217b. Luftwiderstand eines Balles von gleicher Stirnfläche

a) Vorgänge auf der Vorderseite (Stau).

Beim Versuch Abb. 217a übt der Luftstrom zunächst gegen die hemmende Fläche einen Druck aus. Diesen kann man mit einem Manometer messen. Wenn er auch gering ist, z. B. für 1 cm^2 nur etwa 1 g beträgt, so bedeutet das doch für eine Fläche von 1 m^2 bereits 10 kg. Der Stirndruck gegen die Stirnfläche eines Körpers, d. i. die größte Fläche, die er dem Luftstrom bietet, heißt Stau, da sich die Luft vor dieser verdichtet (staut).

b) Bedeutung der Körperform (Verkleidung).

Bläst man mit gleicher Stärke einmal gegen die Scheibe Abb. 217a und dann gegen einen leichten Ball von gleichem Durchmesser (Abb. 217b), so zeigt dieser einen merklich geringeren Widerstand als die Scheibe. Das ist überraschend; denn man sollte zunächst erwarten, daß Körper gleicher Stirnfläche auch gleichen Luftwiderstand bieten. Die folgenden Versuche beweisen jedoch klar, daß gerade die Körperform von besonderer Bedeutung für die Größe des Luftwiderstandes ist.

In Abb. 218a ist eine Anzahl verschieden geformter Versuchskörper von gleicher Stirnfläche, also von gleichem größtem Querschnitt, dargestellt. Als Kraftmesser für den Luftwiderstand dient eine sehr empfindliche Briefwaage, auf die man die Körper aufsetzt. Gegen sie wird mit einem Fön oder Luftstromerzeuger ein gleichmäßiger Luftstrom geblasen. Die Versuche Abb. 218a—c in Verbindung mit denen unter a) ergeben:

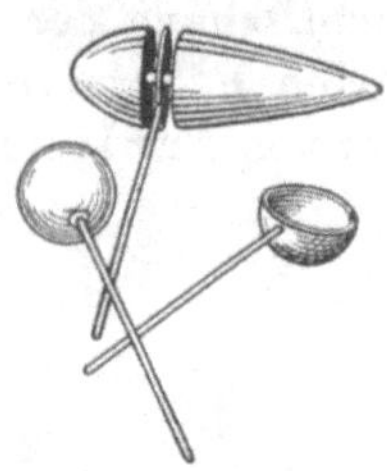

Abb. 218a. Versuchskörper

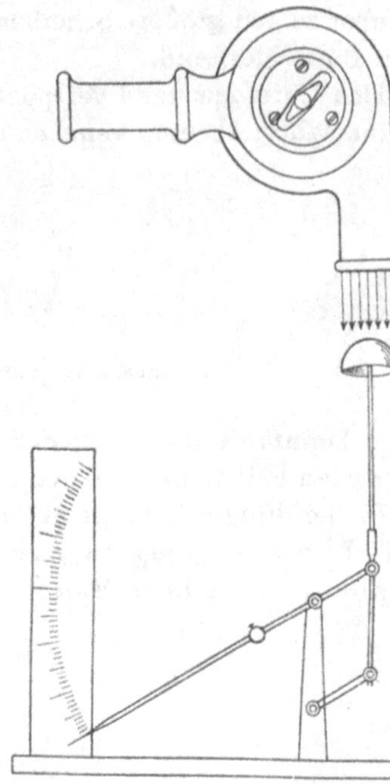

Abb. 218b. Bestimmung des Luftwiderstandes der Versuchskörper mit der Briefwaage

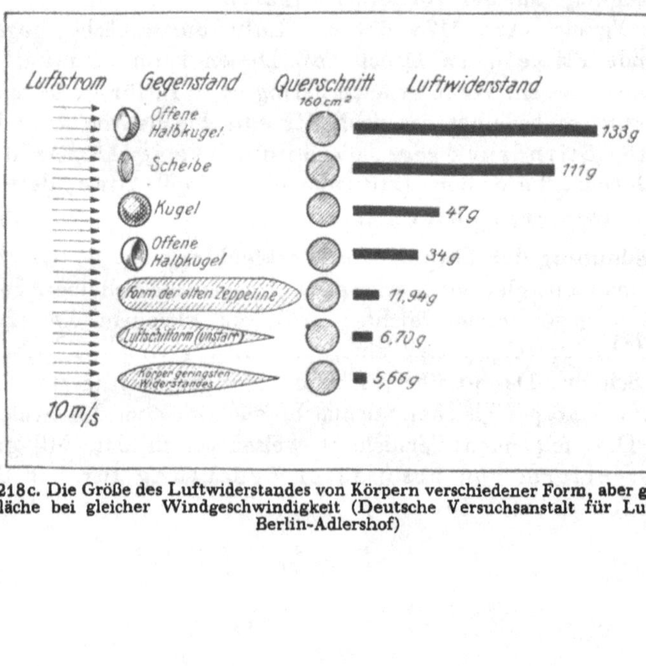

Abb. 218c. Die Größe des Luftwiderstandes von Körpern verschiedener Form, aber gleicher Stirnfläche bei gleicher Windgeschwindigkeit (Deutsche Versuchsanstalt für Luftfahrt, Berlin-Adlershof)

Der Luftwiderstand eines Körpers ist abhängig von der Größe der Stirnfläche, der Luftgeschwindigkeit und in ganz besonderem Maße von der Körperform (der „Verkleidung“ des Querschnitts).

Den geringsten Widerstand bietet der sogenannte „Stromlinienkörper“ (Abb. 219).

Dieser hat eine langgestreckte, vorn abgerundete und nach hinten spitzzulaufende Form (sog. Tropfenform, Form der neuesten Zeppelinluftschiffe). Die Abb. 219 zeigt besonders eindringlich, in welch hohem Maße der Luftwiderstand eines Körpers durch Verkleiden mit der Tropfenform herabgesetzt wird.

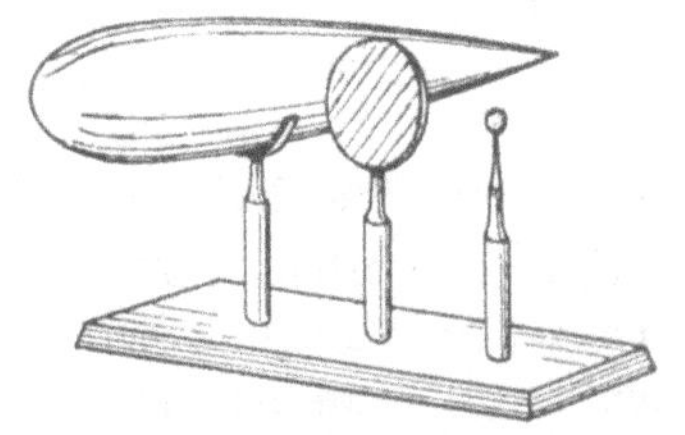

Abb. 219. Stromlinienkörper, große und kleine Kreisscheibe. Luftwiderstand von Stromlinienkörper und kleiner Scheibe sind gleich, der Luftwiderstand der großen Scheibe dagegen (Stirnfläche = Querschnitt des Stromlinienkörpers an seiner stärksten Stelle) ist 25 mal so groß

Um die Gründe für die Verminderung des Luftwiderstandes durch die besondere Körperform klarzustellen, muß man die Vorgänge auf der Rückseite der umströmten Körper, ferner die Umströmung selbst untersuchen.

c) Vorgänge auf der Rückseite der luftumströmten Körper (Sog; Umströmung).

Versuch 1 (Abb. 220): Bläst man einen kräftigen Luftstrom gegen eine runde Platte, so entsteht hinter ihr ein luftverdünnter Raum, also ein Raum geringeren Druckes. Daher entsteht hinter der Platte eine saugende Wirkung, die man als Sog bezeichnet. Nachweis des Sogs mit einer Kerzenflamme, einem Fadenkamm (Stäbchen mit Wollfäden) oder einem Manometer. Die Sogwirkung beträgt oft das Mehrfache des Staus. Befestigt man an der runden Platte kleine, mit Benzin getränkte Wattebäusche, so zeigen die Flammen des entzündeten Benzins die hinter der Platte entstehenden Wirbel. Diese werden von der hereinstürzenden Luftströmung erzeugt und lösen sich ruckweise ab, wobei sie die Sogwirkung erzeugen. Fährt man mit einem Löffel durch eine zähflüssige Suppe oder mit einem Stock durch ruhendes Wasser, so beobachtet man dahinter Wirbel von entgegengesetzter Richtung.

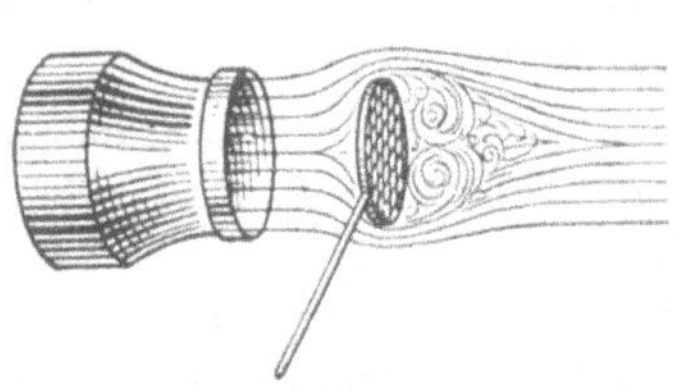

Abb. 220.
Wirbel hinter einer angeblasenen Platte

Versuch 2: In ein Becken mit Wasser streut man etwas feines Eichenholzpulver und fährt mit dem Finger durch das Wasser. Auf der Rückseite des Fingers entstehen zahlreiche Wirbel, die eine sog. Wirbelstraße bilden. Diese Wirbel wirken auf den „geschleppten Körper", den Finger, saugend und suchen ihn zurückzuhalten, während vorn der Finger die Flüssigkeit zur Seite schieben muß und dadurch einen Staudruck erfährt.

Um die Wirbelverhältnisse umströmter Körper verschiedener Form genauer zu untersuchen und deutlich vor Augen zu führen, benutzt man sogenannte Strömungsgeräte, bei denen zwischen eng aneinander stehenden parallelen Glasplatten eine umlaufende Flüssigkeitsströmung um den zu prüfenden Körper erzeugt wird. Abb. 221a zeigt das Bild

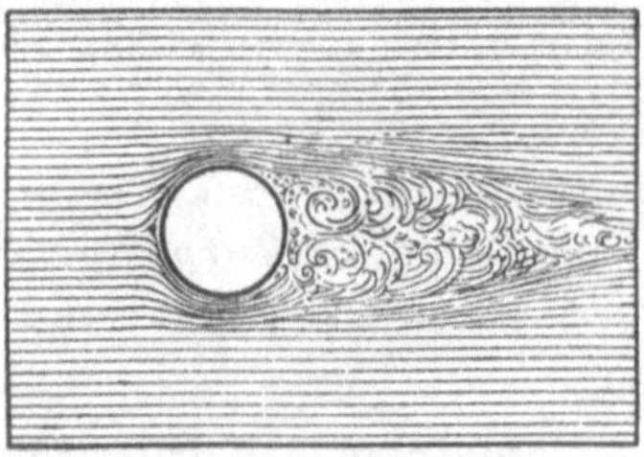

Abb. 221 a. Wirbelbild hinter einem zylindrischen Körper

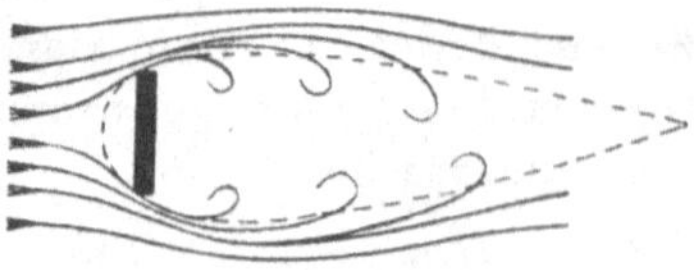

Abb. 221 b. Wirbelbildung hinter einer umströmten Platte

eines umströmten zylindrischen Körpers. Auf der Vorderseite ist das Staugebiet mit dem in ihm herrschenden Staudruck, auf der Rückseite das Soggebiet mit den entgegengesetzt sich drehenden Wirbeln zu erkennen.

Abb. 221b zeigt schematisch den Beginn der Umströmung einer rechteckigen Platte. Die „Stromfäden" biegen vor der Platte nach der Seite aus und gehen zunächst in ihrer Richtung weiter. Erst dort hinter der Platte, wo sich der Strömungsquerschnitt stärker erweitert, „reißt die glatte Strömung ab". Es entstehen Wirbel. Die angedeutete Verkleidung der Platte zeigt klar, wie die Stromlinienform der Wirbelbildung entgegenwirkt. Bei Wirbelfreiheit bilden sich „Stromfäden" um den Körper, so daß die Flüssigkeit wie in Röhren dahinfließt.

Abb. 221c zeigt einen umströmten Stromlinienkörper. Das fast völlige Verschwinden des Wirbelgebietes auf der Sogseite ist augenfällig.

Bei dem umströmten Tragflügelprofil (Abb. 221d) ist die Stromlinienverdichtung auf der Oberseite und ihre Verdünnung auf der Unterseite, ferner der Anfahrwirbel an der hinteren Kante bemerkenswert.

Ergebnis: Der Luftwiderstand setzt sich aus Stau und Sog zusammen. Der Stromlinienkörper bietet den **geringsten** Widerstand.

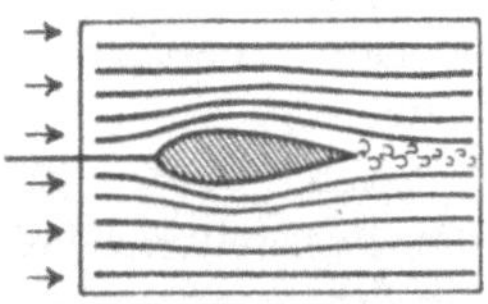

Abb. 221 c. Umströmung von Stromlinienkörper

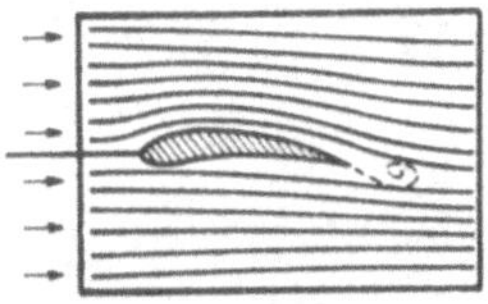

Abb. 221 d. Umströmung von Tragflügelprofil

Anwendung: Flugzeuge, Luftschiffe, Kraftwagen, Schnellokomotiven usw. baut man heute möglichst in Stromlinienform, um ihre Fahrtgeschwindigkeit zu erhöhen und Treibstoffe zu sparen.

3. Die Luftkraft am Tragflügel

a) Die Profilform (Längsschnitt) des Tragflügels.

Die Tatsache, daß Flugzeuge fliegen können, die bis zu 25000 kg (500 Zentner) wiegen, erscheint zunächst rätselhaft. Die geheimnisvolle Kraft, die das Flugzeug trägt, heißt Luftkraft. Sie entsteht nur, wenn das Flugzeug schnell durch die Luft bewegt wird und diese die Tragflügel umströmt, so daß eine tragende Kraft entsteht. Deshalb ist zunächst die Form des Tragflügels von besonderer Bedeutung. Der Tragflügel hat auf der Oberseite eine nach oben gewölbte Fläche[1] (Abb. 222). Er zeigt im Längsschnitt eine unten meist etwas hohle Tropfenform, hat also keine vollendete Stromlinienform.

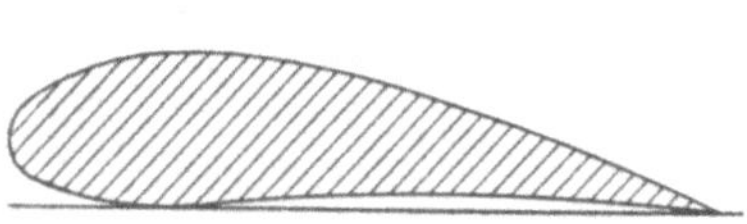

Abb. 222. Tragflügelprofil

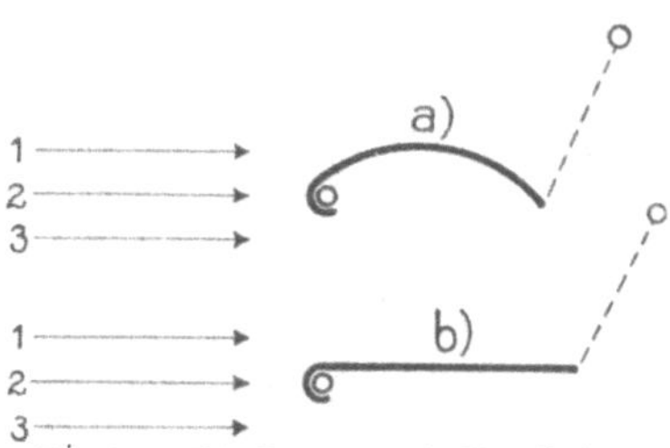

Abb. 223. Die Postkarte als Tragfläche

[1]) Der deutsche Flugforscher Otto Lilienthal hat als erster die größere Tragfähigkeit der aufgewölbten Fläche erkannt.

Versuch 1: Blase gegen eine nach oben gebogene Postkarte (Abb. 223a), die sich um eine Stricknadel drehen kann und hinten an einem dünnen Gummifaden hängt. Die Karte wird nach oben gehoben, wenn über sie (in Richtung 1), gegen sie (in Richtung 2) oder unter sie (in Richtung 3) geblasen wird. Auf der Oberseite muß demnach ein Sog, auf der Unterseite ein Aufdruck entstehen. Bei ebener Postkarte (Abb. 223b) keine Wirkung.

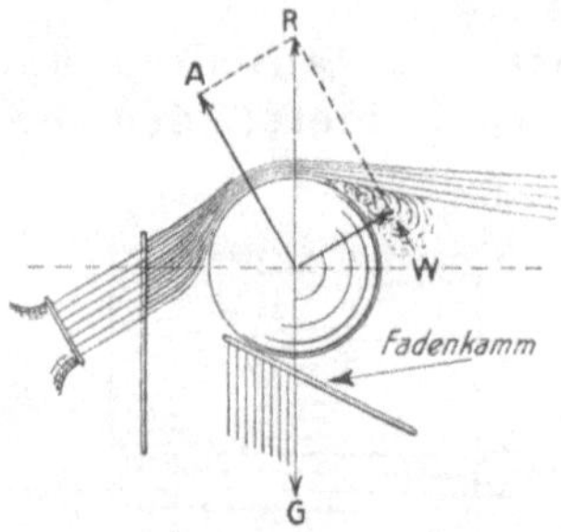

Abb. 224. Ein aufgeblasener Gummiball wird durch Sogwirkung in der Schwebe gehalten. Der entstehende Auftrieb A und der Widerstand W (besonders durch Wirbel erzeugt) ergeben eine Resultierende R, die dem Gewicht G das Gleichgewicht hält. Untersuchung der Strömungsverhältnisse mit dem Fadenkamm

Versuch 2 (Abb. 224): Erzeuge einen Luftstrom über einem Ball. Er wird gehoben und schwebt.

b) Die Untersuchung des **Seitendrucks bei strömender Luft** (Flüssigkeit) gibt Klarheit über die Wirkung der strömenden Luft am Tragflügel.

Versuch: Man bläst durch das Glasrohr (Abb. 225), ein sog. Venturirohr[1]), das in der Mitte verengt ist. In der Mitte und rechts an einer erweiterten Stelle sind Manometer angeschlossen. Die drei Körper rechts dienen zur Verkleinerung des inneren Querschnitts über den Ansatzstellen der beiden Manometer.

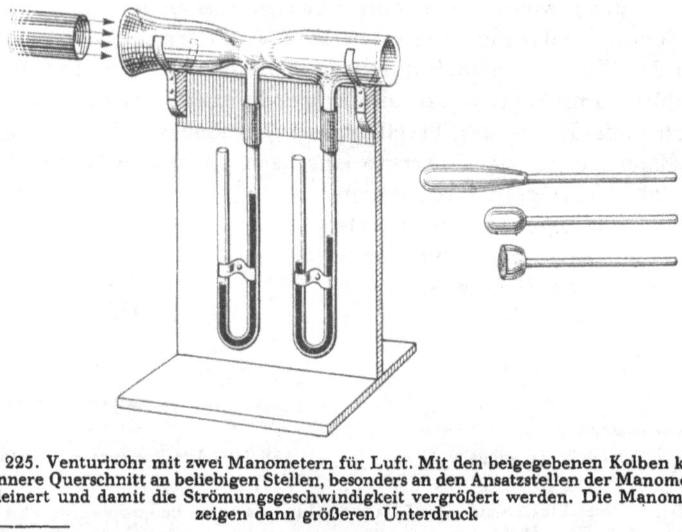

Abb. 225. Venturirohr mit zwei Manometern für Luft. Mit den beigegebenen Kolben kann der innere Querschnitt an beliebigen Stellen, besonders an den Ansatzstellen der Manometer, verkleinert und damit die Strömungsgeschwindigkeit vergrößert werden. Die Manometer zeigen dann größeren Unterdruck

[1]) Genannt nach dem Italiener Venturi (um 1800).

Da in dem Rohr an allen Stellen in gleichen Zeiten gleiche Mengen der strömenden Luft durch den Querschnitt gehen, so muß an den engen Stellen die Geschwindigkeit größer sein. Dabei entsteht immer an den Stellen größerer Strömungsgeschwindigkeit ein größerer Sog.

c) Anwendung auf die Tragflügel.

Man denke sich in Abb. 226 den Luftstrom oben und unten abgegrenzt, so daß die Profilsehne die Mittelpunkte zu den Grenzlinien bildet. Der Weg über und unter der Mittelparallele hat vor und hinter

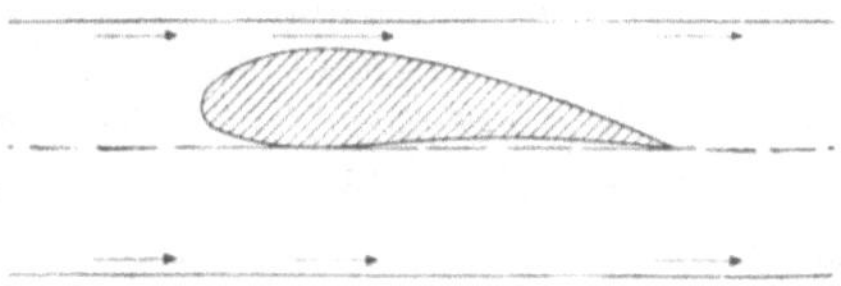

Abb. 226. Über dem Tragflügel fließt die Luft schneller als unter dem Tragflügel

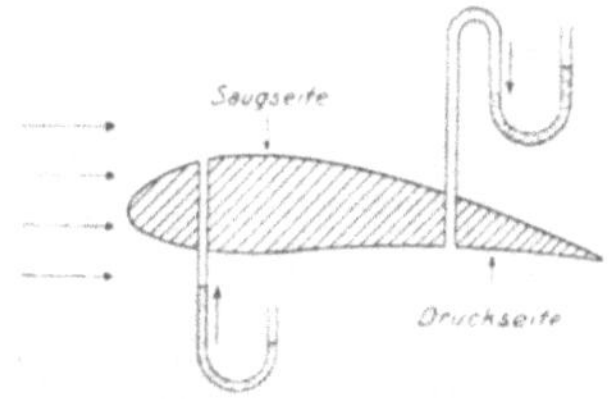

Abb. 227. Das Manometer zeigt an der Oberseite Sog, an der Unterseite Druck

dem Flügel gleiche Breite. Durch die Aufwölbung des Flügels wird der Weg darüber verengt, darunter aber erweitert. Demnach strömt über dem Tragflügel die Luft schneller dahin als unter ihm. Daher herrscht über dem Tragflügel Sog, unter ihm Druck. Beide Kräfte wirken tragend nach oben. Sie haben zur Resultierenden die Luftkraft.

Der Druck auf die Unterseite der Tragflügel hat hauptsächlich seinen Grund in dem Widerstand, den sie der Luftströmung bieten. Zwar muß der Widerstand möglichst gering sein, doch ist er notwendig, damit bei passendem Anstellwinkel eine große Luftmasse auf die Tragflügel auftrifft und ihnen einen kräftigen Rückstoß erteilt. Dazu ist eine große Geschwindigkeit des Flugzeuges erforderlich.

Die Größe und Verteilung von Druck und Sog bestimmt man an einem Tragflügelmodell, indem man dieses an verschiedenen Stellen durchbohrt und die Öffnung oben oder unten mit einem Manometer (Abb. 227) verbindet. Die Abb. 228 zeigt die unregelmäßige Verteilung von Druck und Sog. Druck und Sog nehmen mit dem Quadrat der Geschwindigkeit zu. Der Sog ist wesentlich größer als der Druck, so daß das Flugzeug in der Tat mehr hängt als getragen wird.

Ergebnis: Die Profilform des Tragflügels ergibt sich dadurch, daß man eine nach oben gewölbte Fläche, die großen Auftrieb hat, mit einer Stromlinienform vereint, die geringen Widerstand bietet und daher große Geschwindigkeit ermöglicht.

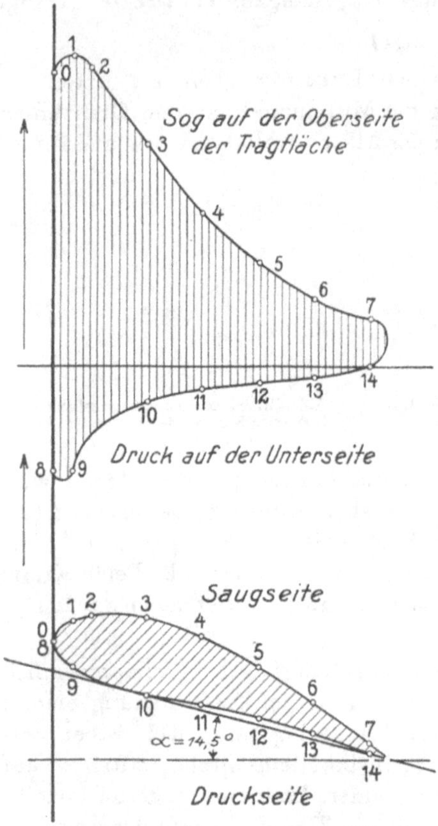

Abb. 228. Verteilung von Sog und Druck beim Göttinger Profil Nr. 387

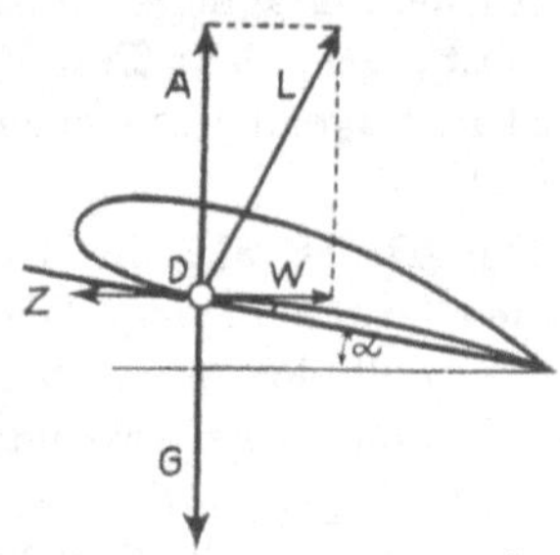

Abb. 229. Zerlegung der Luftkraft L am Tragflügel in Widerstand W und Auftrieb A

4. Die Zerlegung der Luftkraft am Tragflügel und die Abhängigkeit der Teilkräfte vom Anstellwinkel

a) Die auf den Tragflügel (Abb. 229) wirkenden Druck- und Saugkräfte denkt man sich zu einer Kraft, der schon erwähnten Luftkraft L, vereinigt. Ihr Angriffspunkt heißt der Druckpunkt D. Dieser ist bei kleinem Anstellwinkel um 1/3 der Profiltiefe von der Tragflächennase entfernt. Die Luftkraft L zerlegt man in die beiden Seitenkräfte, den Widerstand W parallel zur Anblasrichtung und den Auftrieb A senkrecht dazu. Diese Seitenkräfte kann man an einem Modell mit Hilfe einer sog. Zweikomponentenwaage leicht messen (Abb. 230). Dieses Modell ist an einem drehbaren Arm befestigt und sein Gewicht an dem Gegenarm durch ein Gewichtsstück ausgeglichen. An dem Ende des Gegenarms sind ein waagerecht und ein senkrecht wirkender Kraftmesser befestigt. Bläst man nun das Modell waagerecht an, so wird durch die Kraft des auftreffenden Luftstroms:

1. das Modell nach hinten gedrückt, es erfährt also von dem Luftstrom einen Rücktrieb W in der Waagerechten,

2. das Modell zugleich nach oben gedrückt, es erfährt also einen Auftrieb A.

Die Größe der beiden Seitenkräfte, des Widerstandes W und des Auftriebes A, kann an den eingeschalteten Kraftmessern abgelesen werden. Ihre Resultierende oder Mittelkraft ist die Luftkraft L. Ihr

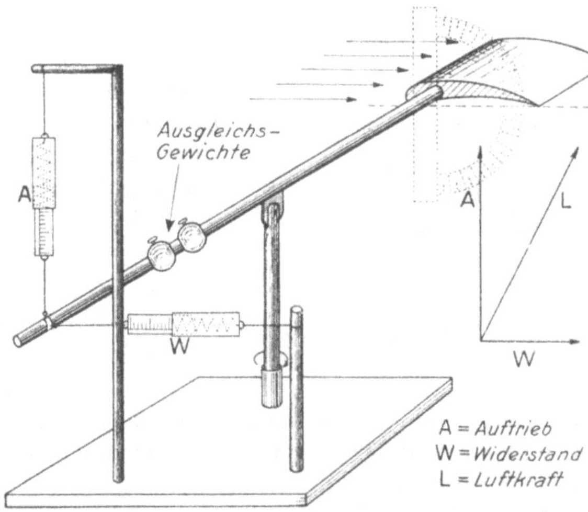

Abb. 230. Zweikomponentenwaage (schematisch)

Angriffspunkt, der Druckpunkt D, liegt um etwa ein Drittel der Profiltiefe des Flügels hinter der Vorderkante. Er fällt nicht mit dem Schwerpunkt S des Flugzeuges zusammen, doch ist bei dem Bau Sorge getragen, daß der Schwerpunkt möglichst nahe bei D liegt. Im folgenden ist der Einfachheit halber angenommen, daß D mit S zusammenfällt.

Die auf das Flugzeug in D wirkenden Kräfte sind sein Gewicht G, die Luftkraft L und der Luftschraubenzug Z nach vorn, der durch D gehen soll.

In Abb. 229 sind diese Kräfte durch gepfeilte Strecken dargestellt. Damit nun die Maschine in gleicher Höhe gleichmäßig geradeaus fliegt, muß der Luftschraubenzug Z so groß wie der Widerstand W und der Auftrieb A so groß wie das Gewicht G sein, also:

Auftrieb A = Gewicht G
Zugkraft der Luftschraube Z = Widerstand W

b) Die Abhängigkeit des Widerstandes W und des Auftriebs A vom Anstellwinkel kann man bei einem Tragflügelmodell mit der Zweikomponentenwaage nach Abb. 230 feststellen. Man gibt α der Reihe nach die Werte 0°, 5°, 10°, 20°, 25° usw. und bestimmt dafür jedesmal W und A. Macht man z. B. $\alpha = 20°$, so mißt man W = 9,6g und A = 28 g. Den Wert für W stellt man durch eine Strecke OX auf der waagerechten Achse und senkrecht dazu in X den Wert für A durch die Strecke XY dar. OY ist dann gleich der Luftkraft. Bei Y wird die Größe des Anstellwinkels geschrieben.

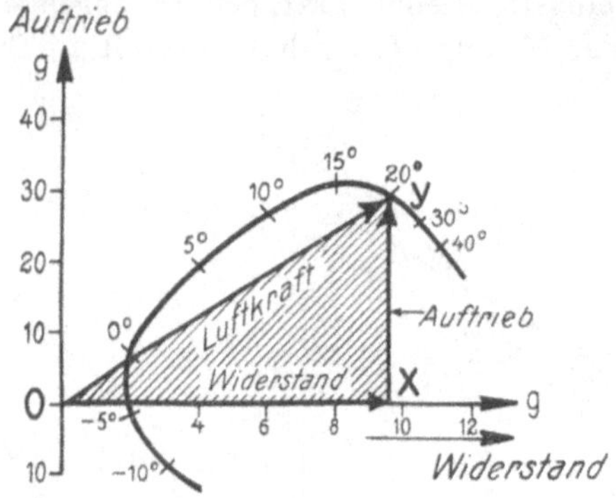

Abb. 231. Das Polarschaubild zeigt, wie Auftrieb und Widerstand vom Anstellwinkel abhängig sind

Das Polarschaubild[1] (Polardiagramm) des Modells Abb. 231 zeigt, daß schon für den Anstellwinkel $\alpha = 0°$ Auftrieb und Widerstand vorhanden sind, daß der Auftrieb schon bei $\alpha = 17°$ den höchsten Wert erreicht und bei größerem Winkel schnell abnimmt, während der Widerstand wächst.

c) Die Umströmung des Tragflügels ändert sich ebenfalls mit dem Anstellwinkel. Bei den Messungen unter b) prüfe man auch stets die Luftströmung an verschiedenen Stellen der Oberfläche mit einer Wollfadensonde (Stäbchen mit einigen Wollfäden). Bei kleinen Anstell-

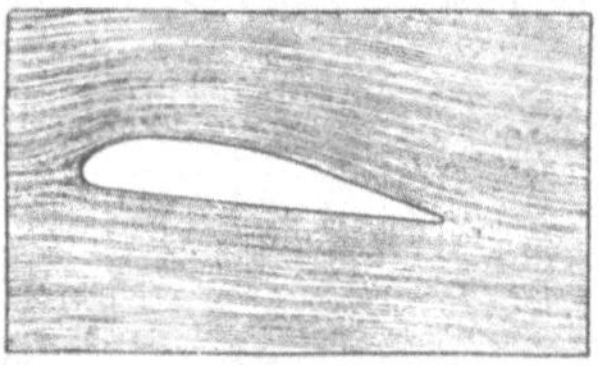

Abb. 232. Gesunde Flügelströmung

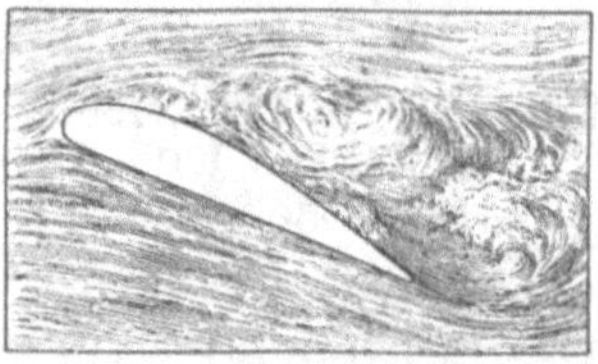

Abb. 233. Abgerissene (kranke) Flügelströmung

winkeln bis etwa 17° legen sich die Wollfäden glatt an, bei größeren dagegen flattern die Fäden stark hin und her, weil sich starke Wirbel gebildet haben. Die Abb. 232 und 233 geben ein Bild von „gesunder“

[1]) Die Darstellung der wichtigsten Angaben für einen Tragflügel in einem solchen Schaubild stammt schon von O. Lilienthal.

und „kranker“ Strömung. Bei zu großem Anstellwinkel reißt durch die Wirbelbildung die Strömung ab, Druck und Sog (und damit der Auftrieb) werden kleiner und das „überzogene“ Flugzeug ist in Gefahr „abzusacken“.

5. Das Kräftespiel am Tragflügel beim Flug

a) Das **Kräftespiel beim Waagerechtflug** ist bereits unter 4a) gegeben. Unter der gemachten Voraussetzung muß sein (Abb. 229)

Auftrieb A des Tragflügels	=	Gewicht G des Flugzeugs
Zugkraft Z der Luftschraube	=	Widerstand W des Flugzeugs.

b) Beim **Gleitflug** (Abb. 234) wird der Motor abgestellt. Die Zugkraft fällt weg, das Gewicht G ist die allein wirkende Kraft. Die Luftkraft L ist lotrecht nach oben gerichtet. Sie wird in die Seitenkräfte A und W zerlegt. Die in die Längsachse des Flugzeugs fallende Seitenkraft G_2 muß den Widerstand W überwinden.

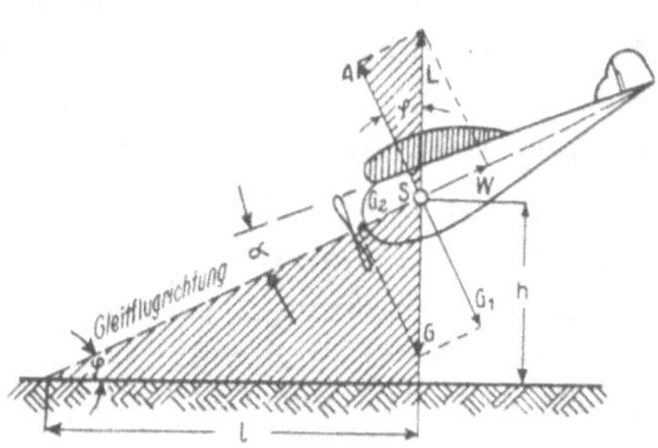

Abb. 234. Kräftespiel beim Gleitflug

Der Winkel φ zwischen der Luftkraft L und der Seitenkraft A ist der gleiche wie zwischen der Waagerechten und der Gleitflugrichtung. Er heißt der Gleitwinkel.

Aus der Ähnlichkeit der schraffierten Dreiecke folgt

$$\frac{h}{l} = \frac{W}{A} = \varepsilon$$

Aus der Gleitzahl ε ergibt sich die Gleitrichtung φ. Ist z. B. für ein Flugzeug $\varepsilon = 1 : 10$, so ist $\varphi = 5{,}7^0$. Ein Flugzeug, das sich in einer Höhe von 1,5 km senkrecht über einer Stelle F befindet, landet 10mal 1,5 km = 15 km von F entfernt. Abb. 235 zeigt die Gleitflugbahnen eines Flugzeuges in 1 km Höhe für verschiedene Gleitzahlen.

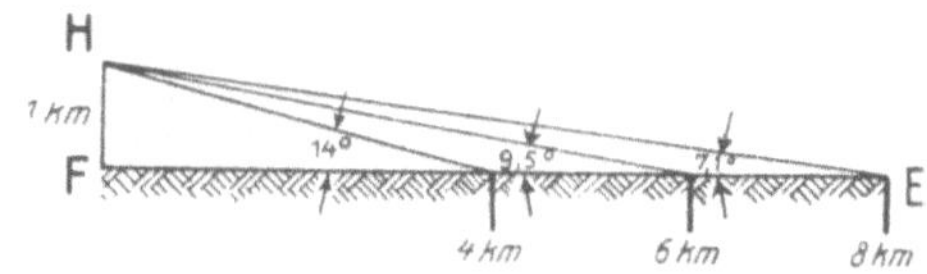

Abb. 235. Gleitflugbahnen bei den Gleitzahlen 1 : 8, 1 : 6, 1 : 4

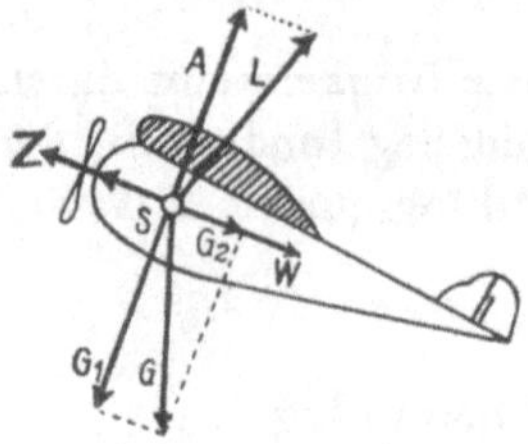

Abb. 236. Kräftespiel beim Steigflug

c) Beim **Steigflug** (Abb. 236) bewegt sich das Flugzeug unter einem größeren Anstellwinkel aufwärts. Es ist erhöhte Motorkraft nötig, weil der Motor nicht nur den Widerstand der Luft, sondern auch noch eine Komponente G_2 des Fluggewichts überwinden muß. Es ist Gleichgewicht vorhanden, wenn:

Zugkraft Z = Widerstand W + G_2 ist.

6. Die Luftschraube

a) Die Luftschraube besteht in der Regel aus zwei, gelegentlich aus drei oder vier „Blättern". Vom Motor angetrieben, schraubt sie sich durch die Luft wie eine Spindel durch eine festgehaltene Schraubenmutter und zieht das Flugzeug mit sich fort. Damit die Luft ihr den nötigen Widerstand leistet, müssen ihre Drehzahlen hoch sein. Ihre Umdrehungen betragen 1400 bis 2000 je Minute.

b) **Der Aufbau der Luftschraube** ergibt sich zunächst aus der Schraubenfläche und Schraubenlinie; denn jedes Blatt beschreibt bei der Umdrehung eine Schraubenlinie. Die Entstehung dieser Gebilde ist aus Abb. 237 ersichtlich. Wickelt man um eine Spindel (einen ge-

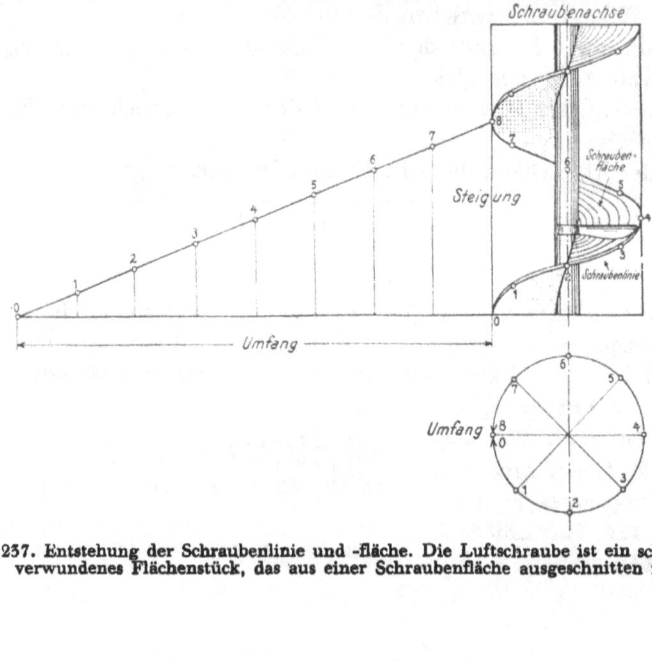

Abb. 237. Entstehung der Schraubenlinie und -fläche. Die Luftschraube ist ein schmales verwundenes Flächenstück, das aus einer Schraubenfläche ausgeschnitten ist

raden Zylinder) nach hinten herum ein rechtwinkliges Dreieck (ausschneiden!), dessen waagerechte Lotseite gleich dem Umfang des Querschnittes ist, so beschreibt die dem rechten Winkel gegenüberliegende Seite, die Spannseite, eine Schraubenlinie. Weiter beschreibt der Halbmesser der Zylindergrundfläche, der zwischen Achse und Schraubenlinie so nach oben bewegt wird, daß er immer waagerecht bleibt (also parallel zur Grundfläche des Zylinders [vgl. Wendeltreppe]), eine Schraubenfläche, die eine stark verwundene Fläche bildet. Schneidet man aus dieser ein schmales Flächenstück heraus, so erhält man ein stark verwundenes Flächenstück als Grundform für ein Blatt. Dieses Flächenstück muß, da ja der Luftwiderstand bei der Bewegung der Luftschraube möglichst klein sein soll, mit einem Stromlinienkörper „verkleidet" werden. Es muß daher jeder Querschnitt der Luftschraube Tragflügelform haben, weil die Luftschraube auf möglichst günstige Weise ihre drehende Bewegung in einen senkrecht dazu gerichteten Vortrieb verwandeln soll. Wie Abb. 238 zeigt, ist die gleiche Kraft, die beim Tragflügel als Auftrieb wirkt, bei der Luftschraube als Vortrieb wirksam. In der Nähe der Achse ist der Querschnitt der Luftschraube dicker gebaut, weil der äußere Teil vom inneren gehalten werden muß.

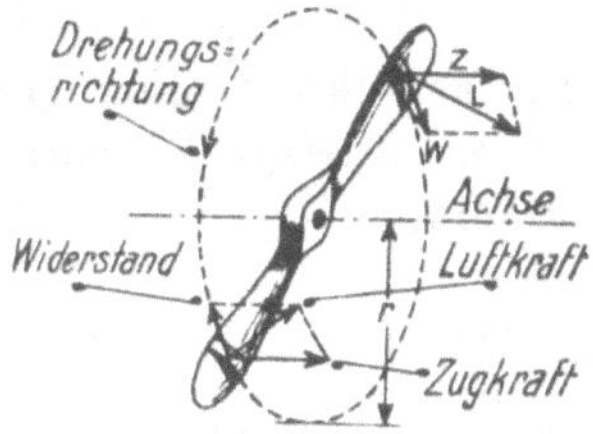

Abb. 238. Aufbau und Wirkung der Luftschraube

Jedes Blatt einer Luftschraube ist ein umlaufender Tragflügel. Von den Seitenkräften der Luftkraft wirkt eine als Vorschub (Vortrieb). Dieser Vortrieb nimmt ab, wenn die Geschwindigkeit der gegen die Nasen der sich drehenden Tragflügelquerschnitte bewegten Luft geringer wird. Die Minderung des Vorschubs gegenüber der Steigung der Luftschraube (s. Abb. 237) heißt Schlupf. Ist dieser gleich der Steigung, so dreht sich die Schraube wirkungslos in der bewegten Luft.

Anhang

Einheiten, Formeln, Tabellen usw.

A. Einheiten und Formeln

1. **Länge.** 1 Meter (m) = Abstand zweier Striche des in Paris aufbewahrten Urmeters bei 0^0 (ursprünglich erklärt als der 10millionste Teil des Erdquadranten).
   1 m = 10 dm = 100 cm = 1000 mm.
   1 hm (Hektometer) = 100 m; 1 km (Kilometer) = 1000 m.
2. **Gewicht.** 1 Kilogramm (kg) = Gewicht eines Liters (1 cdm) chemisch reinen Wassers von 4^0.
3. **Artgewicht** (spezifisches Gewicht) = Gewicht der Volumeneinheit. s = G : V.
4. **Kraft** = Zug oder Druck eines Kilogrammgewichtes (techn. Maßsystem).
5. **Arbeit.** 1 Meterkilogramm (mkg). A = Kraft · Weg = K · s.
6. **Leistung** = Arbeit : Zeit (Arbeit in der Zeiteinheit).
   Einheit der Leistung: eine Pferdestärke (PS).
   1 PS = 736 Watt $\approx$ 0,75 k Watt; 1 Watt $\approx$ 0,1 mkg.
7. **Druck.** 1 at = Druck von 1 kg auf 1 cm^2 (1 kg/cm^2).
8. **Geschwindigkeit bei gleichförmiger Bewegung** = Weg in der Zeiteinheit.
9. **Gleichförmige Bewegung.** s = v · t (s = Weg, v Geschwindigkeit, t Zeit).
10. **Gleichförmige Beschleunigung** = Geschwindigkeitszunahme in der Zeiteinheit.
11. **Freier Fall.** $s = \frac{1}{2} g t^2$; $v = gt$ (g Fallbeschleunigung 9,81 m/sec^2, v veränderliche Geschwindigkeit).
12. **Wärmeeinheit** (1 WE) = 1 Kilokalorie (kcal), d. i. die Wärmemenge, durch die 1 kg Wasser um 1^0 erwärmt wird (bei Atmosphärendruck).
13. **Artwärme** (spez. Wärme) = Wärmemenge, durch die 1 kg eines Stoffes um 1^0 erwärmt wird.
14. **Arbeitswert einer Kilokalorie** = 427 mkg.
15. **Lichtstärke.** 1 Hefnerkerze (HK).
16. **Beleuchtungsstärke.** 1 Lux (Lx, Meterkerze) = Beleuchtungsstärke einer Fläche, die von 1 HK in 1 m Entfernung senkrecht beleuchtet wird.

17. **Formel** für sphärische Spiegel und Linsen.

$\frac{1}{g} + \frac{1}{b} = \frac{1}{f}$, g Gegenstandsweite, b Bildweite, f Brennweite.

18. **Bildgröße**: Gegenstandsgröße = Bildweite: Gegenstandsweite. $B : G = b : g$.

19. **Stromstärke**. 1 Ampere = Stromstärke, die aus einer Silberlösung in einer Sekunde 1,118 mg Silber abscheidet.

20. **Widerstand.** 1 Ohm = Widerstand einer Quecksilbersäule von 106,3 cm Länge und 1 mm² Querschnitt bei 0°.

21. **Spannung.** 1 Volt = Spannung bei 1 Ampere Stromstärke und 1 Ohm Widerstand.

22. **1 Watt** = 1 Volt-Ampere (Leistung von 1 Amp. in einem Leiter von der Endspannung 1 Volt).

23. **Ohmsches Gesetz.** Stromstärke = Spannung: Widerstand.

$J = U : W$; J Stromstärke (A), U Spannung (V), W Widerstand (Ω).

$W = \varrho \frac{l}{q}$; l Länge des Leiters (m), q Querschnitt (mm), ϱ = Artwiderstand (spez. Widerstand).

B. Tabellen

1. Artgewicht fester und flüssiger Körper

Aluminium	2,5—2,7	Silber	10,5
Blei	11,3	Zink	6,9—7,2
Eisen	7,0—7,8	Zinn	7,2—7,4
Glas	2,4—5,9	Benzol	0,88
Holz (Fichte)	0,4—0,6	Glyzerin	1,26
Kork	0,2	Petroleum	0,8
Kupfer	8,3—8,9	Quecksilber	13,6
Messing	8,1—8,6		

2. Litergewicht von Gasen in g bei 0° und 760 mm Luftdruck

Luft	1,293
Kohlensäure	1,98
Sauerstoff	1,43
Stickstoff	1,25
Leuchtgas	0,646
Helium	0,179
Wasserstoff	0,09

3. Brechungszahlen (für Natriumlicht)

Wasser	1,33
Alkohol	1,36
Flintglas	1,61—1,96
Kronglas	1,52—1,62

4. Elektrischer Artwiderstand

Aluminium	0,03
Eisen .	.. 0,11
Stahl	0,1—0,5
Kupfer.	0,017
Zink.	0,06
Kohle .	. ~ 60

5. Schallgeschwindigkeit m/sec

t° C	—50	—40	—30	—20	—10	0	+10	+20	+30	+40	+50
v m/sec	300	307	313	319	326	332	338	344	350	355	360

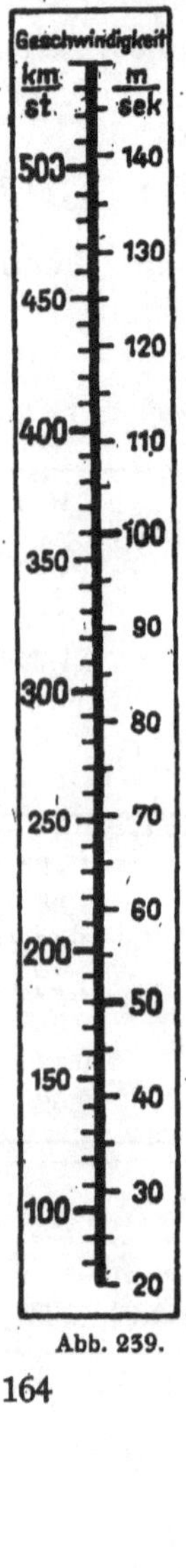

Abb. 239.

C. Grafische und rechnerische Verwandlung von km/st in m/sec und umgekehrt

Bei Flugzeugen wird im allgemeinen die Geschwindigkeit in km/st angegeben. Für die Flakartillerie ist es wichtig umzurechnen, wieviel m das Flugzeug entsprechend in 1 sec zurücklegt. Schnellste und bequemste Umwandlung mit der beigefügten Skala.

Wichtig die Beziehungen:

(I)
$$1 \text{ km/st} = \frac{1}{4} \cdot 1{,}11 \text{ m/sec}^{1)} = \frac{1}{4}(1 + 0{,}1 + 0{,}01) \text{ m/sec}$$

Daraus die einfache Überschlagsregel: Teile die gegebene Anzahl der km durch 4 und addiere $\frac{1}{10}$ (nötigenfalls noch $\frac{1}{100}$) der erhaltenen Zahl dazu.

Beispiel: Wieviel m/sec sind 284 km/st?

$$\left.\begin{array}{r} \frac{284}{4} = 71 \\ + 7{,}1 \\ + 0{,}71 \end{array}\right\} = 78{,}8 \text{ m/sec } 79 \approx \text{m/sec}$$

Umgekehrt ist:

(II) $1 \text{ m/sec} = 3{,}6 \text{ km/st}$

[1]) folgt aus $1 \text{ km/st} = \frac{1000}{3600} \text{ m/sec}$

D. Grafische und rechnerische Verwandlung

von mm Quecksilbersäule (QS) in Millibar (mB) und umgekehrt

Beispiele für die Ablesung:

1. 675 mm QS = 900 mB
2. 760 mm QS = 1013 mB
3. 960 mB = 720 mm QS
4. 1020 mB = 765 mm QS

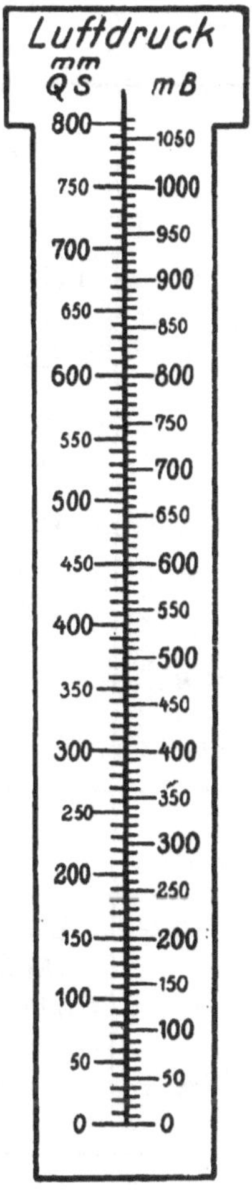

Abb. 240.

Für die Umrechnung ist zu beachten:

1000 mB = 750 mm QS
1 mB = $\frac{3}{4}$ mm QS = $(1 - \frac{1}{4})$ mm QS 1 mm QS = $\frac{4}{3}$ mB = $(1 + \frac{1}{3})$ mB

Beispiele für die Umrechnung:

1. 980 mB $= (980 - \frac{1}{4}\,980)$ mm QS
   $= (980 - 245)$ mm QS
   $= 735$ mm QS

2. 774 mm QS $= 774 + \frac{1}{3}\,774)$ mB
   $= (774 + 258)$ mB
   $= 1032$ mB

Zeichen für „größer als" >, „kleiner als" <, „unendlich" ∞

E. Windstärken

Windstärke nach Beaufort	Bezeichnung der Stärke	Wirkung
0	Stille	Rauch steigt gerade hoch
1	Leiser Zug	Rauch steigt fast gerade hoch
2	Leicht	Für das Gefühl eben bemerkbar
3	Schwach	Blätter, Wimpel leicht bewegt
4	Mäßig	Bewegt kleine Zweige, streckt Wimpel
5	Frisch	Bewegt größere Zweige, unangenehm
6	Stark	Hörbar an Häuserecken, pfeift
7	Steif	Bewegt schwache Baumstämme, Schaumköpfe an Wasserwellen
8	Stürmisch	Bewegt ganze Bäume, hält auf beim Gehen
9	Sturm	Leichte Gegenstände werden umgeworfen
10	Schwerer Sturm	Bäume werden umgeworfen
11	Orkanartiger Sturm	Zerstörende Wirkungen schwerer Art
12	Orkan	Verwüstungen

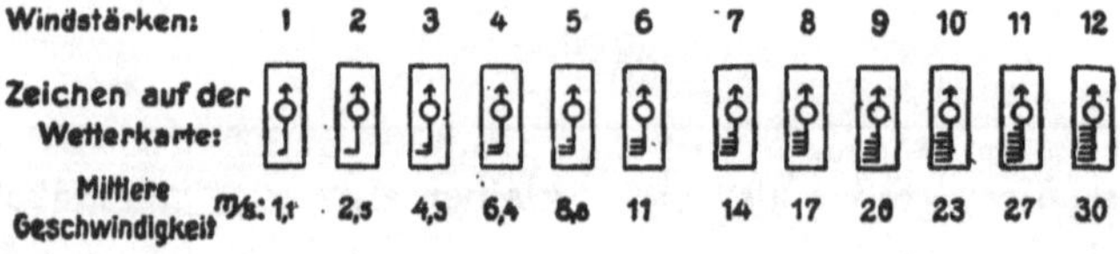

F. Das kleine griechische Alphabet

Schreibweise	α	β	γ	δ (Δ)
Benennung	alpha	beta	gamma	delta (groß)
Aussprache	a	b	g	d
Schreibweise	ε	ζ	η	ϑ
Benennung	epsilon	zeta	eta	theta
Aussprache	e (kurz)	z	e (lang)	th
Schreibweise	ι	ϰ	λ	μ
Benennung	jota	kappa	lambda	my
Aussprache	i, j	k	l	m
Schreibweise	ν	ξ	ο	π
Benennung	ny	xi	omikron	pi
Aussprache	n	x	o (kurz)	p
Schreibweise	ϱ	σ ς	τ	υ
Benennung	rho	sigma	tau	ypsilon
Aussprache	r	s	t	y
Schreibweise	φ	χ	ψ	ω (Ω)
Benennung	phi	chi	psi	omega (groß)
Aussprache	ph	ch	ps	o (lang)